Vorwort

Nicht nur die in einem Berufsausbildungsverhältnis stehenden Jugendlichen, sondern auch die in vielen Zweigen der Wirtschaft tätigen Jugendlichen ohne Ausbildungsverhältnis und die Schüler im Berufsvorbereitungsjahr haben einen Anspruch darauf, dass die Berufsschule ihnen Hilfe bei der Einordnung in die immer mehr von der Technik bestimmte Arbeitswelt gewährt. Diese Jugendlichen müssen ebenfalls allen Anforderungen gerecht werden, die das tägliche Leben und die Arbeit an sie stellen. Sie können aber an die von ihnen geforderte Leistung nur erbringen, wenn sie die Arbeitsvogänge und Arbeitsabläufe verstehen. Darum muss die Berufsschule den Schülern entsprechende Lernantriebe vermitteln und Lernziel setzen.

Die Inhalte des Technischen Zeichnens sind im Zeitalter der Technik nicht mehr nur die Sprache des Fachmannes, sie sind ganz allgemein Kommunikation bis in die persönlichen Lebensbereiche hinein.
Um fach- und sachgerechte Informationen erstellen zu können, bedarf es der unmissverständlichen Sinndeutung der genormten Zeichnung und der beherrschenden Handhabung der Zeichenutensilien.

Da die technische Zeichnung in der heutigen Arbeitswelt ein notwendiges Verständigungsmittel ist, sollte jeder Jugendliche eine einfache Zeichnung anfertigen, lesen und nach ihr arbeiten können.

Das vorliegende Zeichenbuch ist für alle Jugendlichen ohne Ausbildungsverhältnis gedacht, nicht nur für die aus der Hauptschule entlassenen Schüler. Die Verfasser haben besonderen Wert auf Anschaulichkeit gelegt. Der methodische Weg führt von der Anschauung über das Selbsttun zu Einsichten, Kenntnissen und Fertigkeiten.

Die Arbeitsblätter ermöglichen ein Zeichnen mit einfachsten Mitteln. (Schüler benötigen nur Lineal, Bleistift und Radiergummi. Ein Klassensatz Zirkel genügt.) Auf der linken Blatthälfte wird an einem Beispiel das neue Problem dargestellt und erläutert. Hierbei sind die Ansichten verschiedenartig gerastert. Die Aufgabe auf der unteren Blatthälfte fordert vom Schüler die Anwendung der neuen Erkenntnisse in umgewandelter Weise. Die rechte Hälfte des Blattes kann abgetrennt werden. Um die knappe Unterrichtszeit besser ausnutzen zu können, wurde eine Platzaufteilung vorgenommen und das Blatt mit einem Schriftfeld versehen.

Die Zeichnungen 1 - 6 dienen der Einführung in das technische Zeichnen. Übungen zur Raumvorstellung sollen den Weg zum Zeichnungslesen erleichtern. Diesem Zweck dienen besonders die Blätter 7, 8, 9, 17, 23, 24 und die Modelle 18 a, 19 a und 20 a. (Die Modelle 18 a und 20 a können auch schon bei der Raumbilddarstellung 7 und 8 verwendet werden.) Ab Nr. 11 ist jedes Blatt eine komplette technische Zeichnung.

Die Verfasser: Wolfgang Weyrather, Studiendirektor, Düsseldorf
Alfred Findeisen, Studiendirektor, Düsseldorf

---

www.bildungsverlag1.de

Dähmlow, Gehlen, Kieser und Stam sind unter dem Dach des Bildungsverlages EINS zusammengeführt.

Bildungsverlag EINS
Sieglarer Straße 2 · 53842 Troisdorf

ISBN 3-8239-6300-7

© Copyright 2003: Bildungsverlag EINS GmbH · Troisdorf
Das Werk und seine Teile sind urheberrechtlich geschützt. Jede Verwertung in anderen als den gesetzlich zugelassenen Fällen bedarf deshalb der vorherigen schriftlichen Einwilligung des Verlages.

Technisches Zeichnen für Jugendliche ohne Ausbildungsvertrag – Berufsvorbereitungsjahr

Inhaltsverzeichnis	Blatt
Normen und Hinweise	I – IV
Strichübungen	1
Normschrift	2
Grundriss	3
Linienarten	4
Zirkelübungen	5
Geometrische Konstruktionen	6
Raumbild-Darstellung I	7
Raumbild-Darstellung II	8
Maßstäbe	9
Maßeintragung	10
Flächige Werkstücke I	11
Flächige Werkstücke II	12
Symmetrische Werkstücke I	13
Symmetrische Werkstücke II	14
Prismatisches Werkstück in einer Ansicht	15
Zylindrisches Werkstück in einer Ansicht	16
Werkstück in zwei Ansichten	17
Darstellung in drei Ansichten	18
Modell	18 a
Werkstück in drei Ansichten	19
Modell	19 a
Werkstück mit schrägen Kanten	20
Modell	20 a
Werkstück mit verdeckten Körperkanten	21
Drehkörper in drei Ansichten	22
Ergänzungszeichen I	23
Ergänzungszeichen II	24
Pyramide und Kegel	25
Vollschnitt	26
Abwicklungen	27
Einfacher Stromkreis	28
Fahrradbeleuchtung	29
Raumbeleuchtung	30

Blatt-Nr.	DIN	Zeichennormen
I	DIN ISO 128	Für das Anfertigen von technischen Zeichnungen, sowie für das Zeichnungslesen sind Linienarten, Liniengruppen, Linienbreiten und deren Anwendung von großer Bedeutung. Ändert sich z.B. die Breite einer Linie, ändert sich auch deren Anwendung.

Die Liniengruppen 0,5 und 0,7

	Gruppe 0,5		Gruppe 0,7	
Benennung	Breite	Art	Breite	Art
breite Volllinie	0,5	———	0,7	———
schmale Volllinie	0,25	———	0,35	———
schmale Strichlinie	0,25	– – – – –	0,35	– – – – –
breite Strichpunktlinie	0,5	—·—·—	0,7	—·—·—
schmale Strichpunktlinie	0,25	—·—·—	0,35	—·—·—
schmale Freihandlinie	0,25	~~~	0,35	~~~

Die Linienarten

Linienart	Benennung		Anwendung
———	Volllinie	breit	sichtbare Kanten
———	Volllinie	schmal	Maßlinien, Schraffuren
~~	Freihandlinie	schmal	Begrenzung der unterbrochen dargestellten Ansichten
⌐∨⌐∨	Zickzacklinie	schmal	
— — —	Strichlinie	breit	Oberflächenbehandlung
– – – –	Strichlinie	schmal	verdeckte Kanten
—·—·—	Strichpunktlinie	schmal	Mittellinien
⌐·—·⌐	Strichpunktlinie	schmal breit	Kennzeichnungen von Schnittverläufen und Schnittebenen
—·—·—	Strichpunktlinie	breit	
—··—··—	Strich-Zweipunktlinie	schmal	Grenzstellung beweglicher Teile
⊢— 45 —⊣ ◁ ∇			Maß- und Textangaben grafische Symbole

	406	Die **Maßlinien** sollen etwa 10 mm entfernt von der Körperkante liegen; parallele Maßlinien sollen etwa 7 mm Abstand voneinander haben. Maßlinien werden im Allgemeinen rechtwinklig zwischen die Körperkanten oder parallel zur anzugebenden Abmessung angeordnet. **Maßhilfslinien** gehen 1—2 mm über die Maßlinien hinaus. Maßhilfslinien sollen sich mit anderen Linien und untereinander möglichst nicht schneiden. Die Länge der **Maßpfeile** entspricht etwa der fünffachen Strichbreite der Körperkanten. Die Schenkel der Maßpfeile schließen etwa einen Winkel von 15° ein. Die **Maßzahlen** dürfen durch Linien nicht getrennt oder gekreuzt werden. Die dürfen nicht auf Kanten oder auf Schnittpunkten von Linien stehen. Maßzahlen sollen nicht kleiner als 3,5 mm sein. Gleiche Größe ist innerhalb einer Darstellung anzustreben. Die **Werkstückdicke** und **-länge** von flachen Teilen dürfen in oder neben der Darstellung angegeben werden (Werkstückdicke = t, Werkstücklänge = l).

Die Zeichengeräte

IV

Gute Zeichnungen erfordern gute Zeichengeräte! Deshalb benötigen wir:

1. **Zwei Bleistifte verschiedener Härtegrade**
   Einen Bleistift HB für breite Linien.
   Einen Bleistift 3H für schmale Linien und Konstruktionslinien.
2. **Eine DIN A 4-Flachzeichenplatte mit Zeichenwinkel.**
3. **Eine Zeichenschablone oder Zirkel mit Winkellineal.**
4. **Ein Tuschefüller** mit den Strichstärken 0,35; 0,5 und 0,7 macht das Ausziehen leicht. Diese Anschaffung soll jedoch nur auf Empfehlung des Fachlehrers geschehen.
5. **Einen weichen Radiergummi und einen Bleistiftspitzer.**

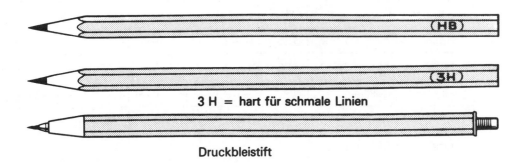

3 H = hart für schmale Linien

Druckbleistift

Flachzeichenplatte

DIN A 4 – Flachzeichenplatte
aus bruchsicherem Kunststoff.
Mit horizontaler und vertikaler Führungsnut. Eine Federklemmleiste mit 30-cm-Einteilung, die sicher und fest das Papier aufnimmt.

An der Oberkante der Zeichenplatte eine 18-cm-Skala in Strichmarkierung für die Kontrolle des rechtwinkligen Sitzes des Zeichenpapiers.

Die Platte hat rückseitig 5 Schaumgummisockel. Mit einem Zeichenwinkel aus durchsichtigem Plastik mit 30-cm-Einteilung, der oberseitig Abstandnocken für Tuschezeichnungen aufweist.

Die Praxis hat gezeigt, dass die Zeichenplatte die Arbeit wesentlich erleichtert, rascheres Zeichnen gestattet und dadurch wertvolle Zeit sparen hilft.

Metallzeichenschablone

Benutzung mit 0,5 mm Druckbleistift oder Tuschefüller

★ Vertikale Normschrift mit 3,5 und 5 mm Höhe DIN 6776
★ Griechische Buchstaben 5 mm
★ Zwei Linealeinteilungen mit Facetten von je 20 cm Länge
★ Winkelmesser mit Aussparungen für Winkel von 30°, 45° und 60°
★ Isometrische Ellipsen von 2 bis 60 mm
★ Radien von 2 bis 12 mm Schrauben, Schraubenköpfe und Muttern von M4 bis M20
★ Oberflächenzeichen DIN 6774
★ Hilfslinien für Schraffuren
★ Maßpfeile und vieles andere mehr

II	406	Die **Maßlinien** sollen durchgezogen werden. Bei durchgezogener Maßlinie muss die Maßzahl über der Maßlinie stehen. Bei Platzmangel dürfen sie auch neben der Maßhilfslinie stehen.
		Die Enden der **Mittellinien** ragen etwas über die Ansichten hinaus. Beim **Mittellinienkreuz** schneiden sich die Mittellinien mit Strichen. Mittellinien dürfen nicht als Maßlinien benutzt werden.
	DIN-ISO 5455	**Maßstäbe:** **Natürl. Größe** 1 : 1 **Verkleinerung** 1:2; 1:5; 1:10; 1:20; 1:50; 1:100; 1:200; 1:500; 1:1000; 1:2000; 1:5000; 1:10000 **Vergrößerung** 2:1; 5:1; 10:1; 20:1; 50:1 Wenn mehr als ein Maßstab in einer Zeichnung benötigt wird, soll der **Hauptmaßstab** in das Schriftfeld und die anderen Maßstäbe in der Nähe der Positionsnummer oder der Kennbuchstaben der Einzelheit (z.B. X 10:1) des betroffenen Teiles eingetragen werden.
	406	Die **Bemaßung** soll möglichst an sichtbare Kanten und nicht an verdeckte (nicht sichtbare) Kanten (Strichlinien) angeschlossen werden.
	406	Das **Quadratzeichen** ❑ wird immer vor die Maßzahl gesetzt. Es wird nur eine Seitenlänge des Quadrates bemaßt. Quadratische Formen sollen jedoch in der Absicht bemaßt werden, in der die quadratische Form erkennbar ist. Die Größe des Quadratzeichens ist die der Kleinbuchstaben und die Linienbreite entspricht die der Maßzahlen.
	406	**Mittellinien** können als Maßhilfslinien benutzt werden. Außerhalb der Körperkanten werden sie dann als schmale Volllinien ausgezogen. Maßhilfslinien und Mittellinien dürfen nicht von einer Ansicht zur anderen durchgezogen werden.
	406	**Radien** (Halbmesser) erhalten nur einen Maßpfeil, außen oder innen an den Kreisbogen gesetzt, und stets ein „R" vor der Maßzahl. Der Mittelpunkt des Radius wird durch ein Mittellinienkreuz gekennzeichnet, wenn es für Funktion, Fertigung oder Prüfung des Teiles notwendig ist.
	406	Das **Diagonalkreuz** (Strichbreite gleich der Maßlinie) kennzeichnet ebene vierseitige Flächen. Wenn Seitenansicht und Draufsicht fehlen, muß es angewendet werden. Das Diagonalkreuz ist aber auch zulässig, wenn mehrere Ansichten vorhanden sind.
		Das **Durchmesserzeichen** "ø" wird in jedem Fall vor die Maßzahl gesetzt. Es ist auch zu setzen, wenn die Durchmesserangabe zwar an einem Kreisbogen steht, die Maßlinie aber nur durch einen Maßpfeil begrenzt wird.
	6	**Schnitte** können beliebig gelegt werden, vorwiegend jedoch wird der Schnittverlauf in Richtung der Längsachse oder senkrecht dazu angewendet. **Schnittflächen** werden mit schmalen Volllinien möglichst unter 45° zur Achse oder den Hauptumrissen schraffiert. Der Abstand der Schraffurlinien ist der Größe der Schnittflächen anzupassen. Für Maßzahlen wird die Schraffur unterbrochen.
	406	Bei **Winkelmaßen** ist die Maßlinie ein zum Scheitelpunkt des Winkels konzentrisch liegender Kreisbogen.
	6	**Schnittflächen** können innerhalb einer Ansicht in die Zeichenebene geklappt in schmalen Volllinien gezeichnet werden.
		Werkstücke können zwecks Ersparnis an Zeichenfläche abgebrochen gezeichnet werden. Die Bruchlinien sind nicht übertrieben unregelmäßig gezeichnete Freihandlinien.
	406	Werkstücke mit vielen gleichen Teilungen und gleichen Lochdurchmessern können vereinfacht bemaßt werden. Man kann auch die Lochkreise weglassen.
	6	**Mehrere Schnitte** werden gezeichnet, wenn es zur klaren Wiedergabe der Form oder zur Maßeintragung vorteilhaft ist. Die allgemeinen Regeln für die Anordnung der Ansichten gelten sinngemäß auch für das Zeichnen von Schnitten. Alle Schnittflächen ein und desselben Werkstücks werden in gleicher Art schraffiert. Man kann den Schritt, wenn zweckmäßig, auch durch verschiedene Ebenen eines Werkstückes führen. Halbschnitte bei waagerechter Mittellinie unterhalb, bei senkrechter Mittellinie rechts von dieser anordnen.
	6	Ist der **Schnittverlauf** nicht ohne weiteres ersichtlich, so wird er durch breite Strichpunktlinien nach DIN ISO 128 (Schnittlinien) gekennzeichnet. Die Blickrichtung auf den Schnitt wird durch Pfeile angegeben. Werden mehrere Schnitte durch einen Körper gelegt oder muss der Schnittverlauf besonders gekennzeichnet werden, so erhalten die Schnittlinien Großbuchstaben. Diese Buchstaben werden in alphabetischer Reihenfolge an den Anfang, an das Ende und — wenn notwendig — an die Knicke der Schnittlinien gesetzt. Die Bezeichnung durch gleiche Großbuchstaben ist zulässig, z.B. A - A. Ist die Schnittlinie mit Buchstaben versehen, so wird über das Bild der Schnittfläche die Angabe, z.B. A - D gesetzt.

III	406	Bei **pyramidenförmigen Werkstücken** wird die Verjüngung durch das Symbol ▷, das in Richtung der Verjüngung eingetragen wird, angegeben (siehe auch DIN ISO 3040).
	406	Für **genormte Gewinde** werden abgekürzte Bezeichnungen nach DIN 202 angewendet. Bei **Gewindegrundlöchern** für geschnittenes Gewinde wird die Kernlochtiefe angegeben und die nutzbare Gewindelänge ohne Auslauf eingetragen. Der **Bohrlochkegel** wird mit dem 30°-Winkel gezeichnet, ausgehend von den Kernlochlinien. Der in schmaler Volllinie gezeichnete 3/4-Kreis kann auch andere Lagen im Achsenkreuz haben.
	406	Bei **Langlöchern** und **Nuten** (vor allem gefrästen) genügt die Eintragung der Länge und der Breite.
	DIN ISO 1302	Angabe der **Oberflächenbeschaffenheit** in Zeichnungen
	DIN ISO 3040 DIN 254	**Kegel** Eintragung von Maßen und Toleranzen für Kegel
	DIN EN 24 032 6 406	**Muttern** und **Schraubenköpfe** sind maßstäblich zu zeichnen. Einschränkungen: Die Fasenkanten werden als Kreisbögen gezeichnet. Für Muttern ist das Maße aus DIN EN 24032, ISO 4032 zu entnehmen. In vereinfachten Darstellungen werden die Fasenkanten und die Kuppe des Bolzens nicht dargestellt. Verwende möglichst eine Schablone für die Fasenkanten. **Aneinander grenzende Schnittflächen** verschiedener Teile werden unterschiedlich schraffiert. Das geschieht durch verschiedene Schraffurrichtung und/oder verschiedene Abstände der Schraffurlinien. Die laufenden **Nummern der Einzelteile** werden etwa doppelt so groß wie Maßzahlen, aber nicht kleiner als 5 mm neben oder in die Ansicht des Teiles gesetzt.
		Bezugslinien sind so zu ziehen, dass sie nicht mit Kanten oder Linien verwechselt werden können. Sie enden: — mit einem Pfeil an einer Körperkante, — mit einem Punkt in einer Fläche, — ohne Begrenzungszeichen an allen anderen Linien, z.B. Maß-, Mittellinie.
	406	Bei der "**Kugel**" wird auf gleicher Höhe wie die Maßzahl das Durchmesser- bzw. Halbmesserzeichen gesetzt z.B.: 5 ø 50 für Durchmesser, SR 25 für Halbmesser. (S steht für Spherical = Kugel.)

Die Blattgrößen

Papierformate der A-Reihe
(Fertigformate)

Entstehung der Formate!
Das Nächstkleinere Format entsteht durch Halbieren.

Kurzzeichen	mm
A 0	841 x 1189
A 1	594 x 841
A 2	420 x 594
A 3	297 x 420
A 4	210 x 297
A 5	148 x 210
A 6	105 x 148

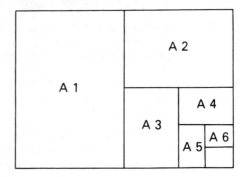

Blattgrößen für den Schulgebrauch
DIN A 2 (420 x 594), DIN A 3 (297 x 420), DIN A 4 (210 x 297)

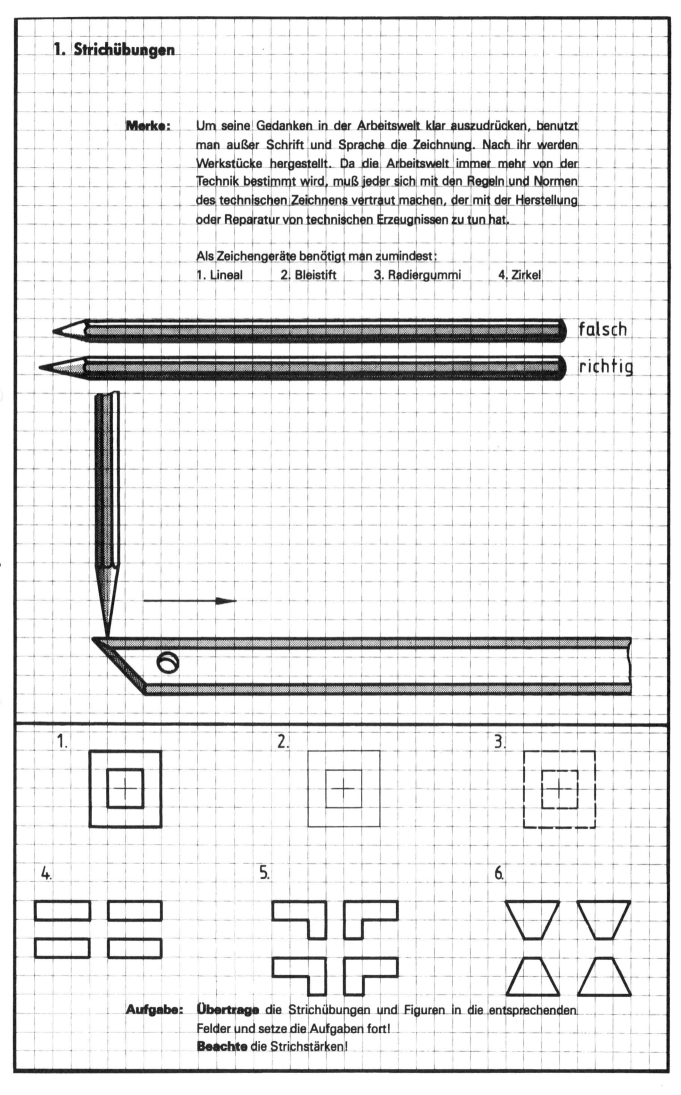

1.	4.
2.	5.
3.	6.

Maßstab	Werkstoff	Benennung	Strichübung		
Datum	Name	Klasse		Blatt	1

2. Normschrift

Die Beschriftung einer technischen Zeichnung muss einheitlich und gut lesbar sein.
Alle Buchstaben und Zahlen sind in Höhe und Form einheitlich.

In der Technik kommt vorwiegend die vertikale Normschrift zur Anwendung. Bei der kursiven Normschrift stehen die Buchstaben und Ziffern unter einem Winkel von 15° nach rechts geneigt.

Anwendungsbeispiele

Arbeit, Beruf
Checkliste, Durchquerung
Ellipse, Fixmaß
Gewinde, Handrad
Istmaß, Jubiläum
Keil, Lager
Messing, Niet
Oberfläche, Projektion
Quadrat, Radius
Symbol, Toleranz
Übermaß, Verjüngung
Winkel, Xerographie
Yard, Zylinder
12, 34, 56, 77, 89, 90, XVI
Klammer(rund), Klammer[eckig]
Ausrufezeichen!
Minus−, Plus+
Multiplikation ×, Division:
Wurzel aus √ =, Prozent %
Müller & Co.
Durchmesserzeichen ⌀
Quadratzeichen □
Fragezeichen?,
"wörtliche Rede"

Aufgaben:

1. Schreibe die Buchstaben und Ziffern in gleicher Größe und Reihenfolge jeweils viermal! (Schriftform B, kursiv) Für Maßzahlen eine Reihe Ziffern in 3,5mm Höhe.

2. Schreibe die Buchstaben und Ziffern in gleicher Größe und Reihenfolge jeweils viermal! (Schriftform B, vertikal) Für Maßzahlen eine Reihe Ziffern in 3,5mm Höhe.

3. Schreibe in Normschrift B, vertikal Deine vollständige Anschrift und die Anschrift Deiner Schule!

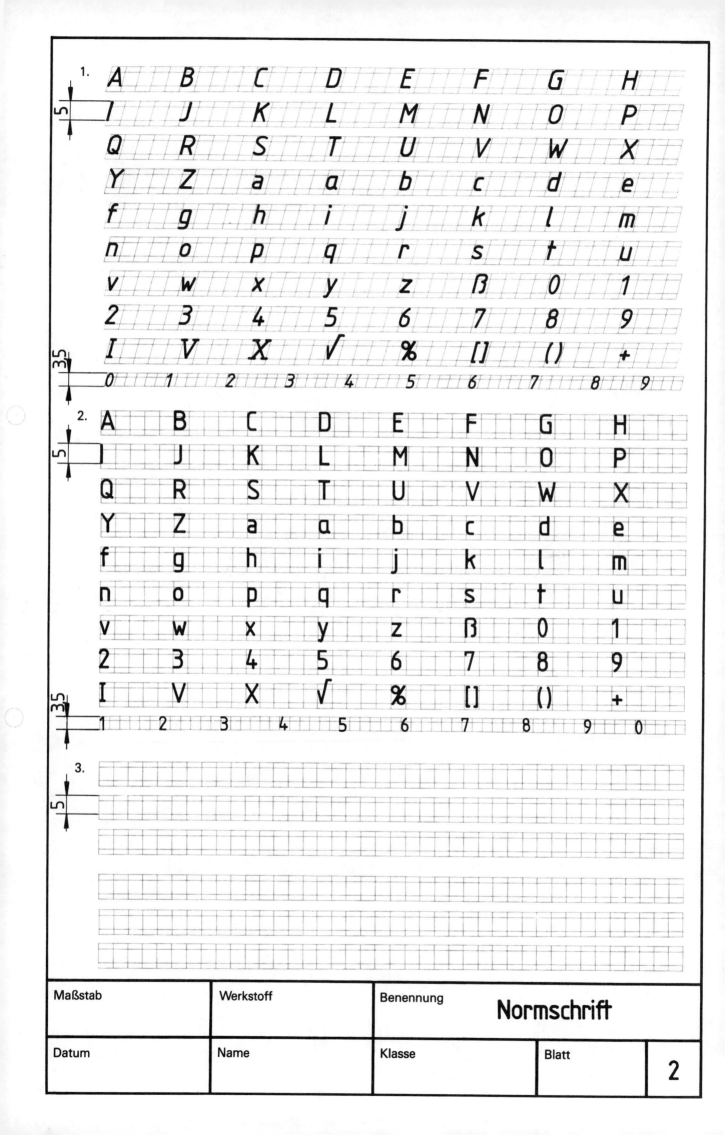

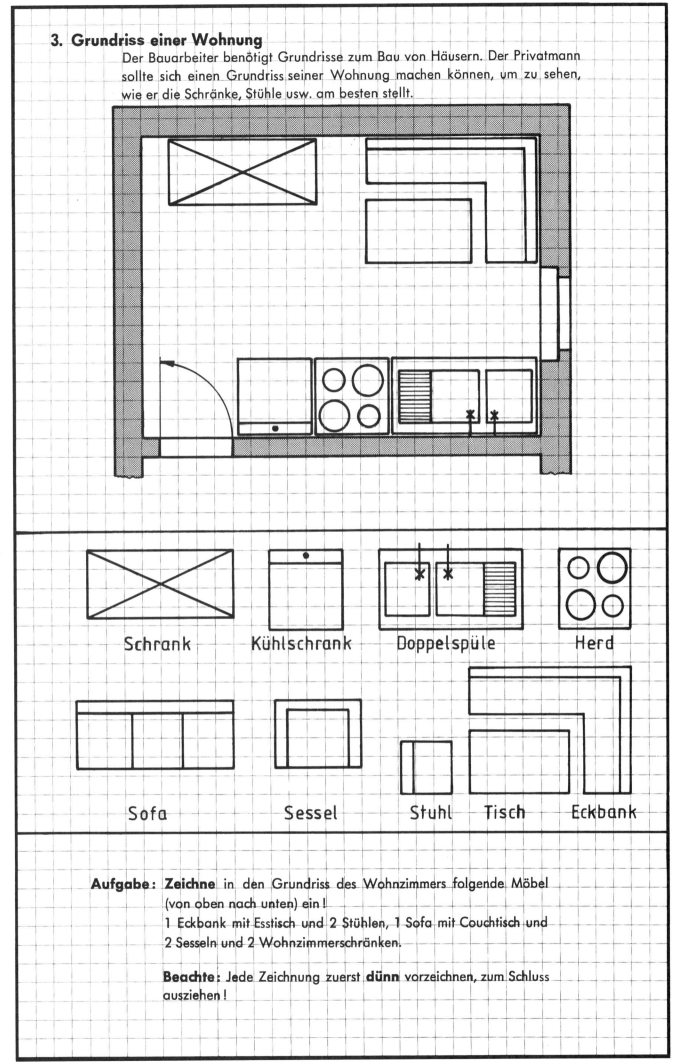

4. Linienarten nach DIN ISO-20

Linienarten	Darstellungen	Anwendungen
a) breite Volllinie	———————	sichtbare Körperkante Umrisse
b) schmale Volllinie	———————	Maß- und Maßhilfslinie, Diagonalkreuz, Schraffur, u.a.
c) Strichlinie	— — — — — —	verdeckte Kanten
d) breite Strichpunkt= linie	—— — · —— · ——	Schnittverlauf
e) schmale Strich= punktlinie	—— · —— · ——	Mittellinie, Lochkreise
f) Freihandlinie	~~~~~~~~	Bruchlinien

Beispiele zu a – f

Aufgabe: Setze die auf dem Aufgabenblatt begonnenen Strichübungen fort!

1. Sichtbare Kanten	2. Maß- und Maßhilfslinien
▬▬▬▬▬▬▬▬▬▬	───────────

3. Verdeckte Kanten	4. Schnittverlauf
─ ─ ─ ─ ─ ─ ─ ─	─ · ─ · ─ · ─ · ─

5. Mittellinien	6. Schraffurlinien von 45°
─ · ─ · ─ · ─	

Maßstab	Werkstoff	Benennung	Strichübungen Linienarten
Datum	Name	Klasse	Blatt 4

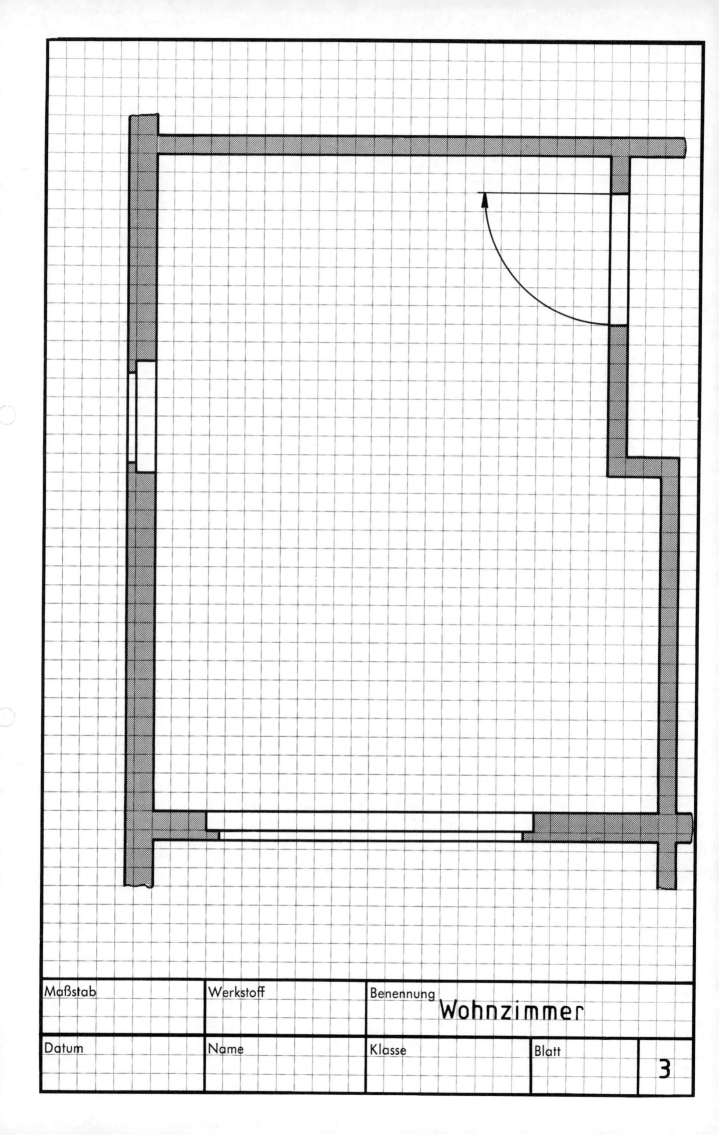

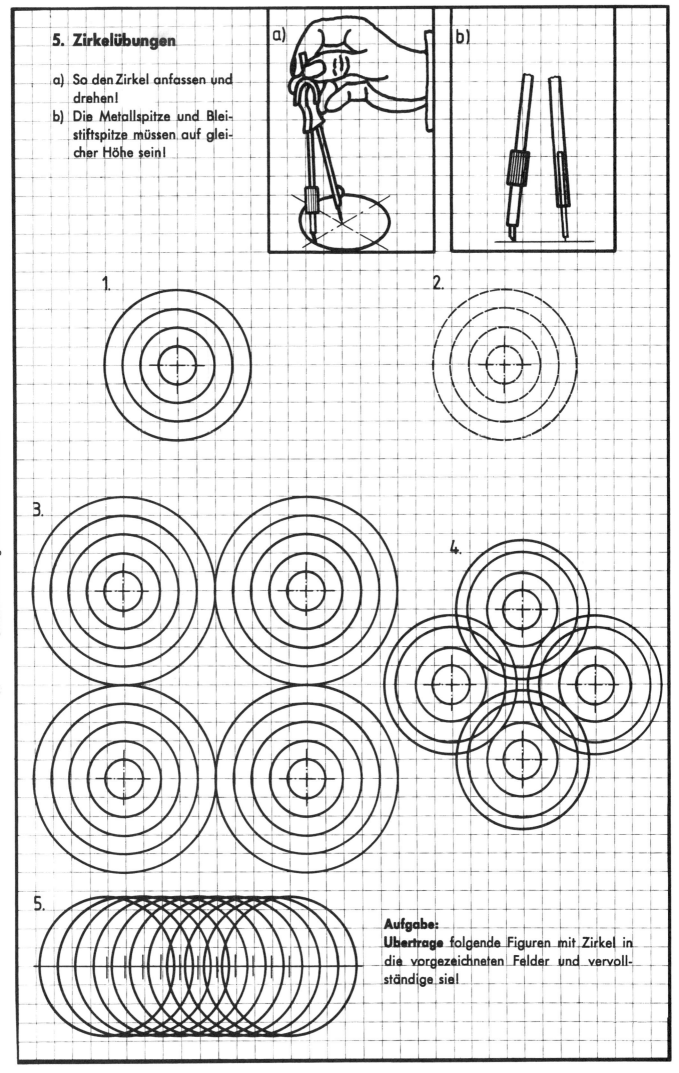

1.

2.

3.

4.

5.

Maßstab	Werkstoff	Benennung Zirkelübungen		
Datum	Name	Klasse	Blatt	5

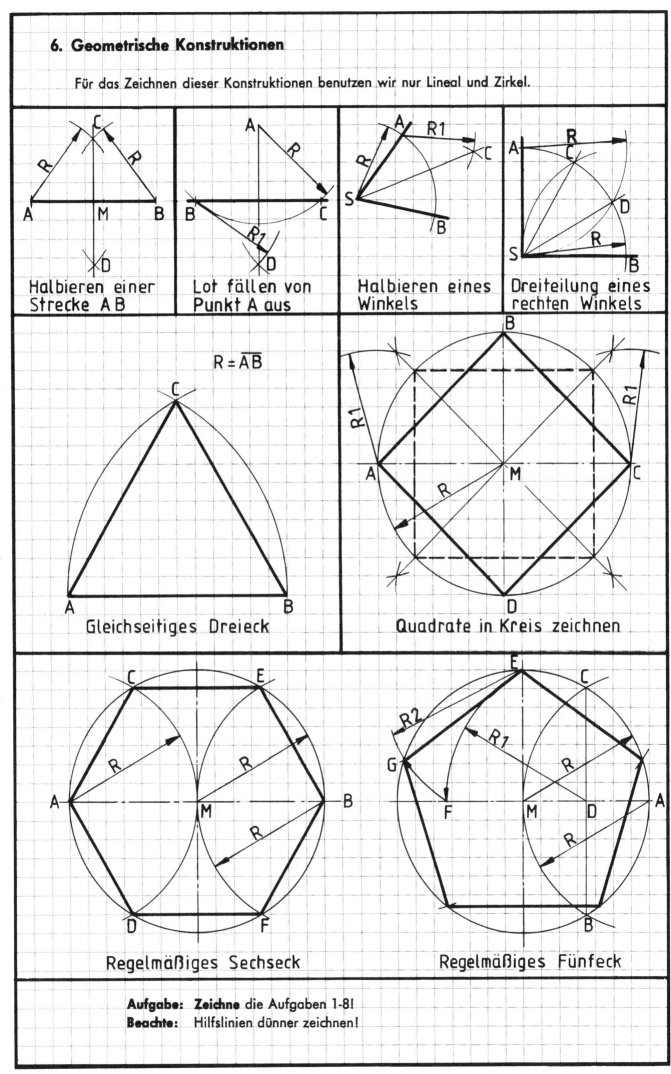

1. Aufgabe: Halbiere die Strecke AB!	2. Aufgabe: Fälle das Lot von Punkt A!	3. Aufgabe: Halbiere den Winkel!	4. Aufgabe: Rechten Winkel „dritteln"
A———B	•A	S	S

5. Aufgabe: Zeichne ein gleichseitiges Dreieck mit der Strecke AB!	6. Aufgabe: Zeichne in einen Kreis R=30 ein Quadrat!

7. Aufgabe: Zeichne ein Sechseck! R=30, beachte A!	8. Aufgabe: Zeichne in einen Kreis R=30 ein Fünfeck!

Maßstab	Werkstoff	Benennung	geom. Konstruktionen
Datum	Name	Klasse	Blatt 6

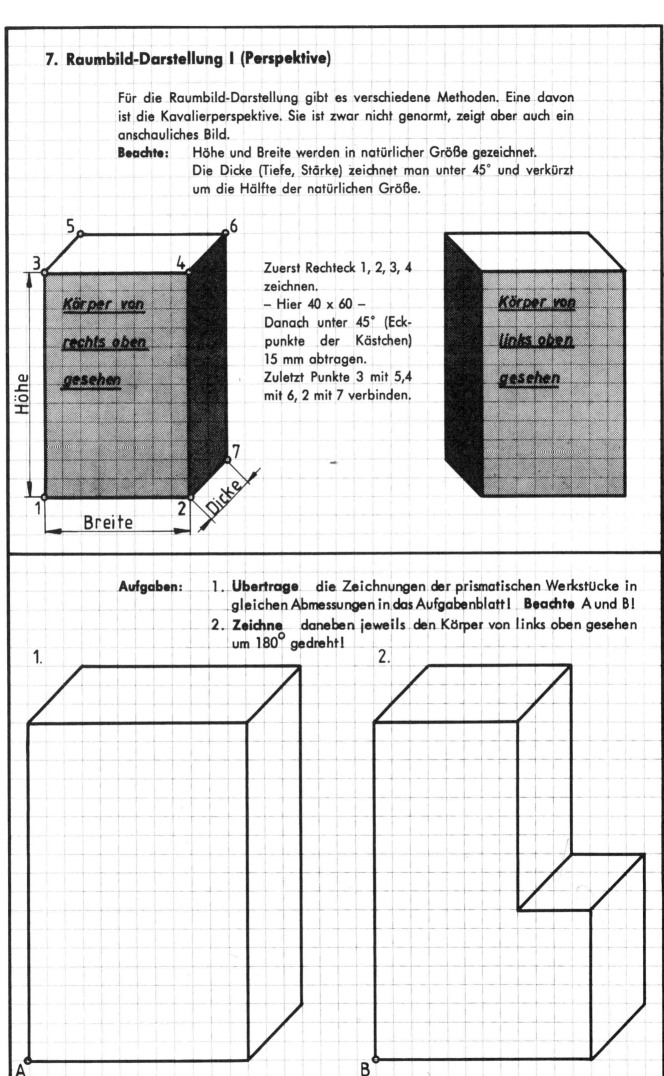

1.

A

2.

B

Maßstab	Werkstoff	Benennung prismatische Werkstücke		
Datum	Name	Klasse	Blatt	7

8. Raumbild-Darstellung II

Die verdeckten Körperkanten kann man als Strichlinie einzeichnen.

Beachte: Verdeckte Kanten beginnen an den Körperkanten und enden dort.
Stoßen verdeckte Körperkanten aufeinander, müssen sich auch die Strichlinien berühren.

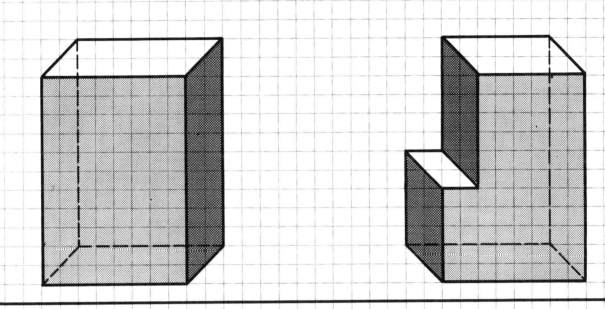

Aufgaben:
1. **Übertrage** die Zeichnungen der keilförmigen Werkstücke in gleichen Abmessungen in das Aufgabenblatt und zeichne die Sicht von links oben, um 180° gedreht daneben!

2. **Zeichne** die verdeckten Kanten ein!

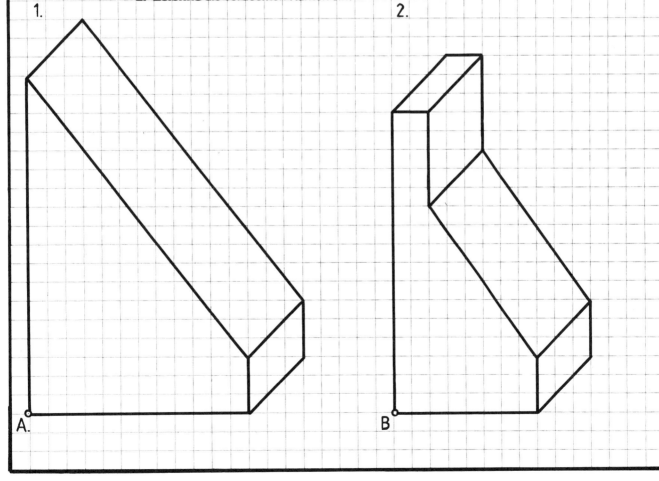

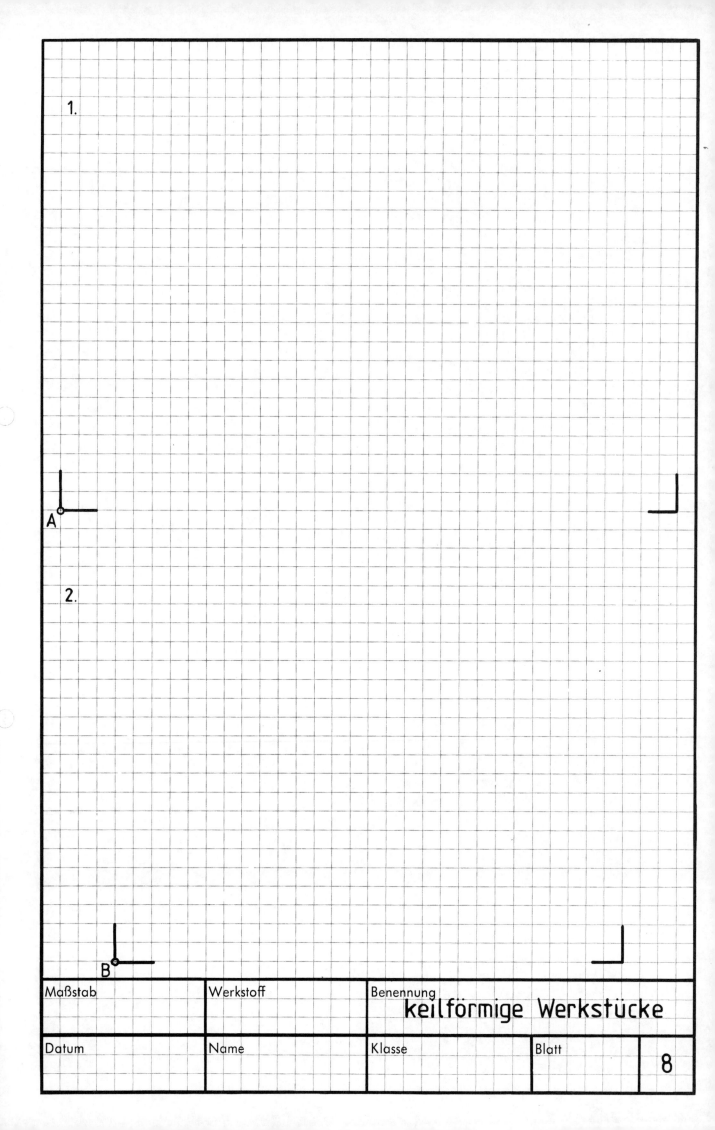

Maßstab	Werkstoff	Benennung keilförmige Werkstücke		
Datum	Name	Klasse	Blatt	8

9. Maßstäbe nach DIN ISO 5455

Werkstücke oder Bauwerke können nicht immer in natürlicher Größe dargestellt werden. Muß ein sehr kleines Werkstück vergrößert werden, so zeigt mir der Maßstab, wie vielfach die Darstellung vergrößert gezeichnet werden muß.
Ist das Werkstück groß, gibt mir der Maßstab an, wie vielfach die Darstellung verkleinert gezeichnet werden muß.

Beachte:
1. Natürliche Größe   M 1:1 (lies M 1 zu 1)
2. Verkleinerungs-Maßstäbe   M 1:2;   1:5;   1:10
3. Vergrößerungs-Maßstäbe   M 2:1;   5:1;   10:1

Erscheinen in der Zeichnung Maßzahlen, bleiben sie erhalten.

Der Maßstab z. B. 1:1 muß bei maßstäblich dargestellten Gegenständen im Zeichnungsschriftfeld angegeben werden. Bei nicht maßstäblich dargestellten Gegenständen wird an Stelle der Maßstabangabe ein waagerechter Strich gesetzt. z. B. M ———

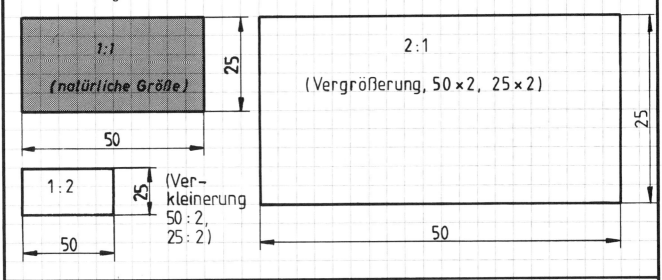

Aufgaben:
1. **Zeichne** die beiden Werkstücke mit Zapfen und Schlitz im Maßstab 2:1!
2. **Zeichne** im gleichen Maßstab die Werkstücke um 180° gedreht und von "oben links gesehen" daneben!
3. **Zeichne** die verdeckten Körperkanten **nur** in 1 und 2 ein!

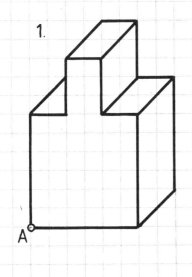
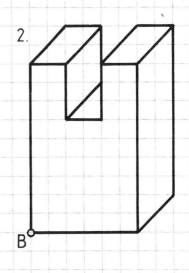

1.

2.

Maßstab		Werkstoff		Benennung	Werkstück mit Schlitz und Zapfen		
Datum		Name		Klasse		Blatt	9

10. Maßeintragung DIN 406

Zur **Bemaßung** werden **Maßlinien, Maßlinienbegrenzungen** (Maßpfeile, Schrägstriche, Punkte), **Maßhilfslinien** und **Maßzahlen** verwendet.

Merke!

Maßlinien geben die Abmessungen des Werkstückes an. Sie müssen parallel zur bemaßten Kante in einem Abstand von 10 mm verlaufen und werden durch Maßlinienbegrenzungen gekennzeichnet.

Maßlinien werden **durchgezogen**. An Stellen, wo es die Übersichtlichkeit erfordert, können sie durch Maßlücken unterbrochen werden.

Beachte:

Maß- und Maßhilfslinien werden als schmale Volllinien gezeichnet. Als **Maßlinienbegrenzung** sind neben den **voll ausgezeichneten Maßpfeilen**, auch offene **Maßpfeile, Schrägstriche** und bei Platzmangel **Punkte** zulässig. Es ist aber grundsätzlich für eine Zeichnung nur **eine** Art der Maßlinienbegrenzung anzuwenden. In diesem Lehrgang werden bei allen Beispielen und Aufgaben voll ausgezeichnete Maßpfeile verwendet.

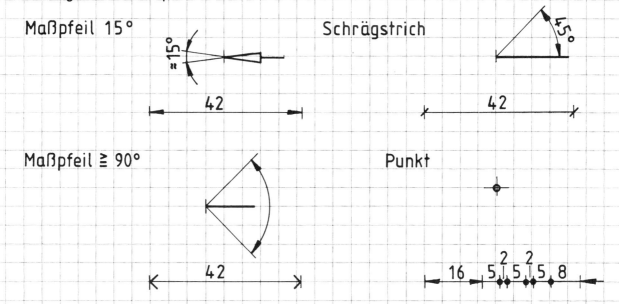

Maßhilfslinien beginnen an den Körperkanten. Sie stehen im Allgemeinen rechtwinklig zur Maßlinie und gehen 1 bis 2 mm über diese hinaus.

Maßzahlen geben immer die wirklichen Maße in **mm** an. Sie stehen über den durchgezogenen Maßlinien. Maßzahlen sollen von unten oder von rechts zu lesen sein.

Die folgenden **Bemaßungsbeispiele** zeigen, wie bei **Platzmangel** zu verfahren ist.

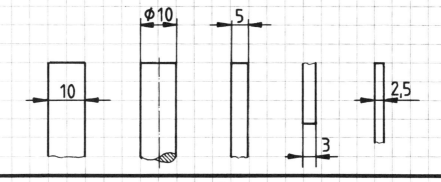

Aufgabe: Setze die im Aufgabenblatt begonnenen Übungen fort!

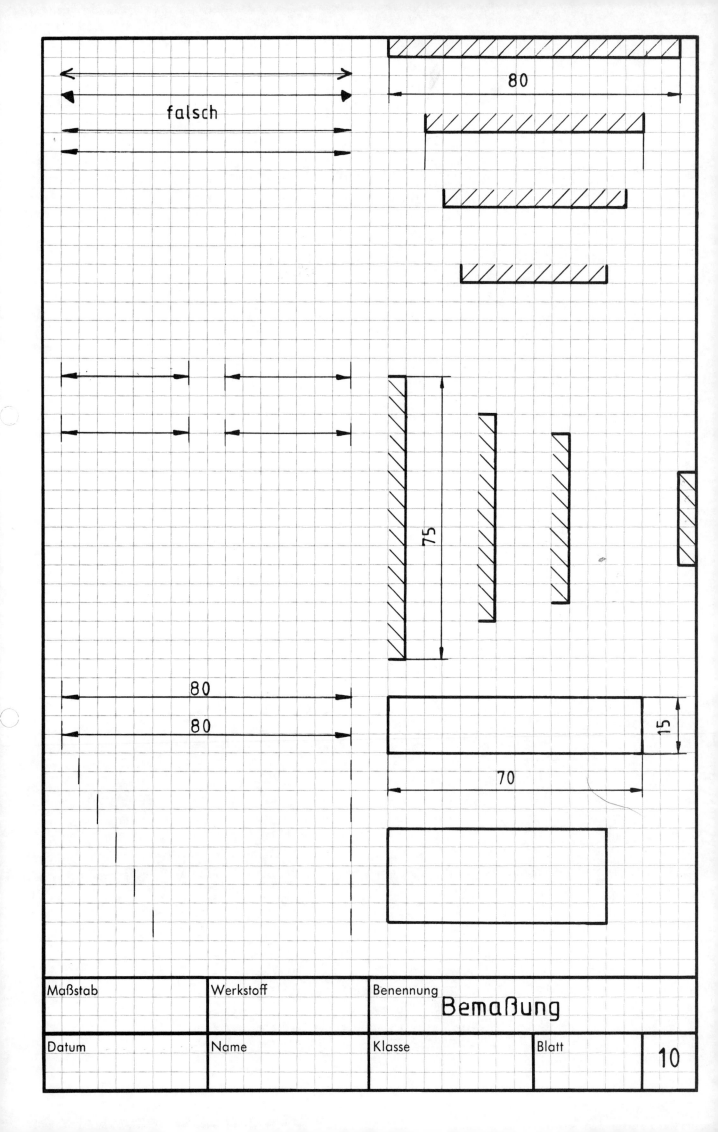

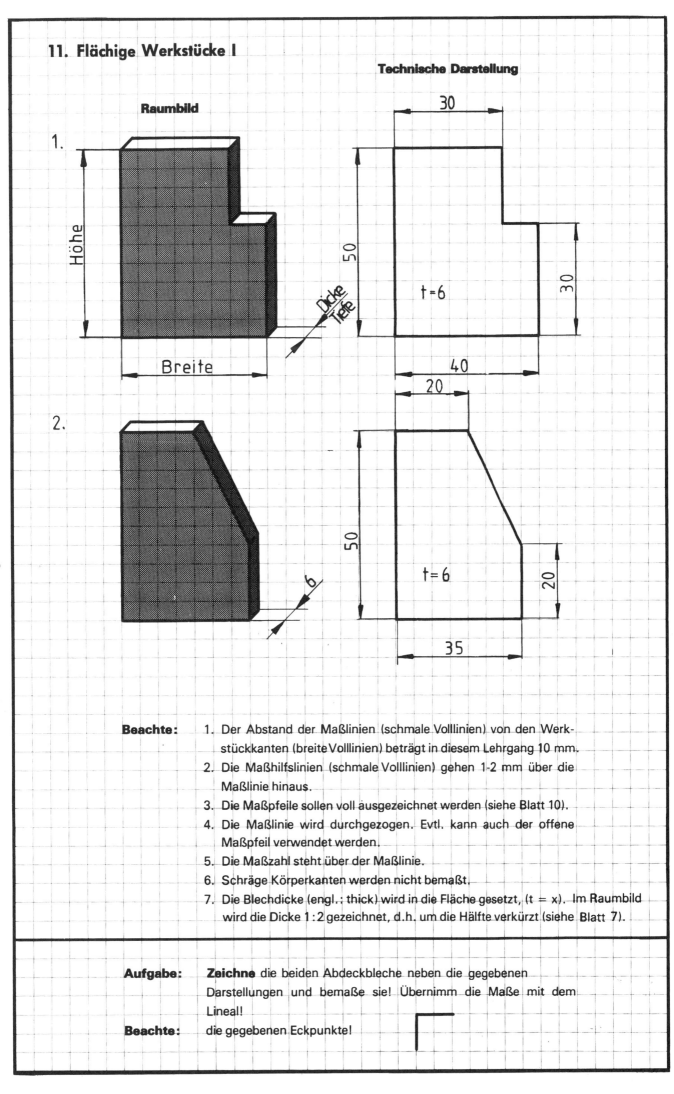

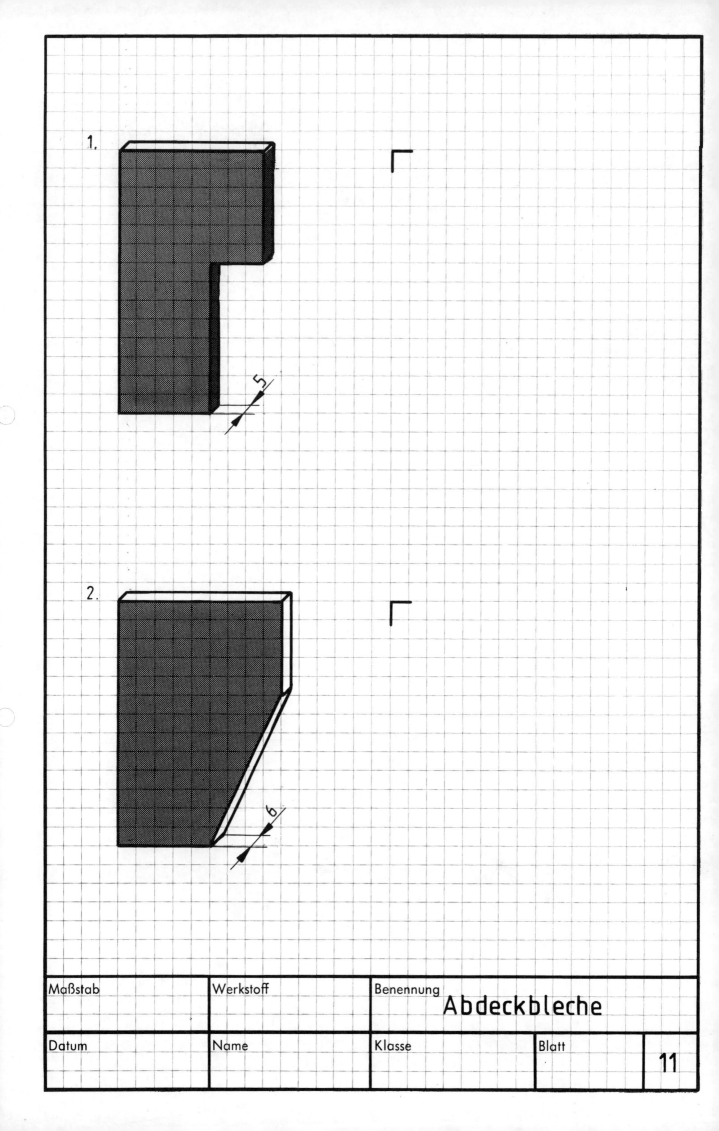

Maßstab		Werkstoff		Benennung	Abdeckbleche		
Datum		Name		Klasse		Blatt	11

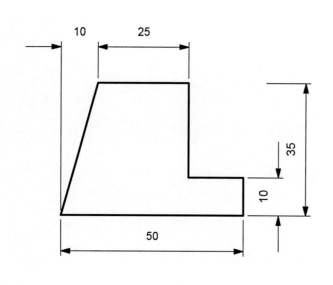

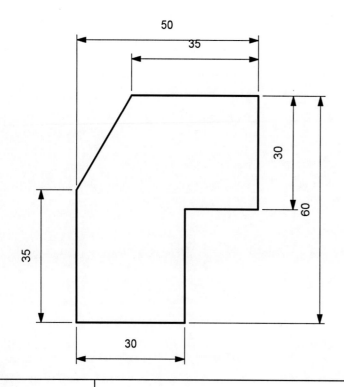

20.02.04		christopher

12. Flächige Werkstücke II

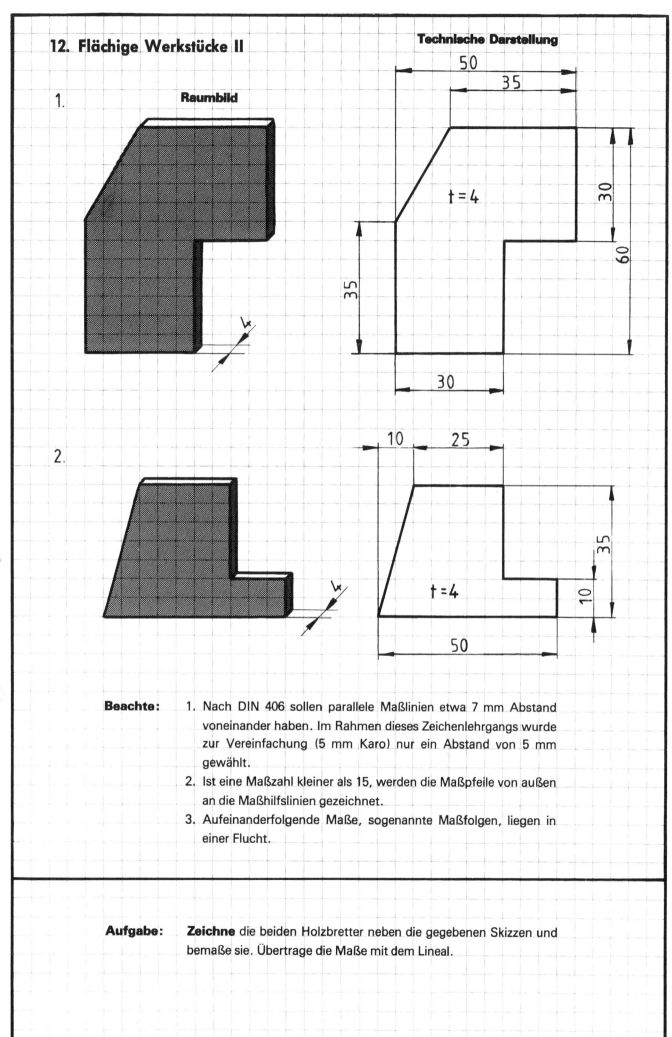

Beachte:
1. Nach DIN 406 sollen parallele Maßlinien etwa 7 mm Abstand voneinander haben. Im Rahmen dieses Zeichenlehrgangs wurde zur Vereinfachung (5 mm Karo) nur ein Abstand von 5 mm gewählt.
2. Ist eine Maßzahl kleiner als 15, werden die Maßpfeile von außen an die Maßhilfslinien gezeichnet.
3. Aufeinanderfolgende Maße, sogenannte Maßfolgen, liegen in einer Flucht.

Aufgabe: **Zeichne** die beiden Holzbretter neben die gegebenen Skizzen und bemaße sie. Übertrage die Maße mit dem Lineal.

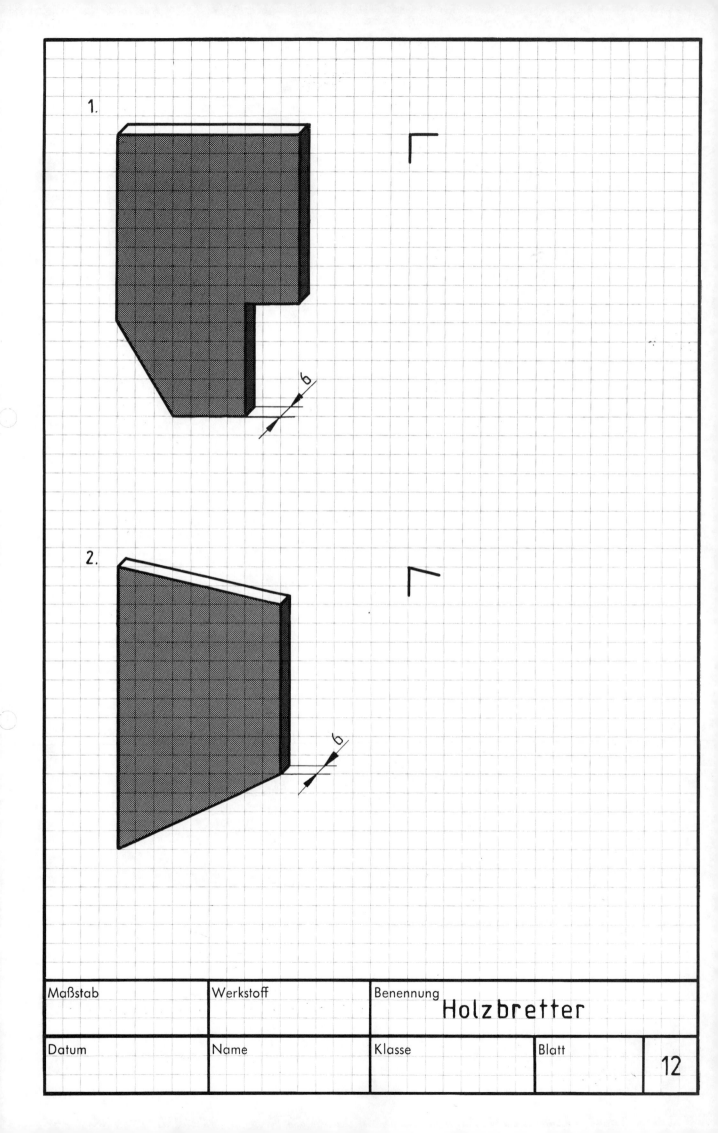

Maßstab	Werkstoff	Benennung Holzbretter		
Datum	Name	Klasse	Blatt	12

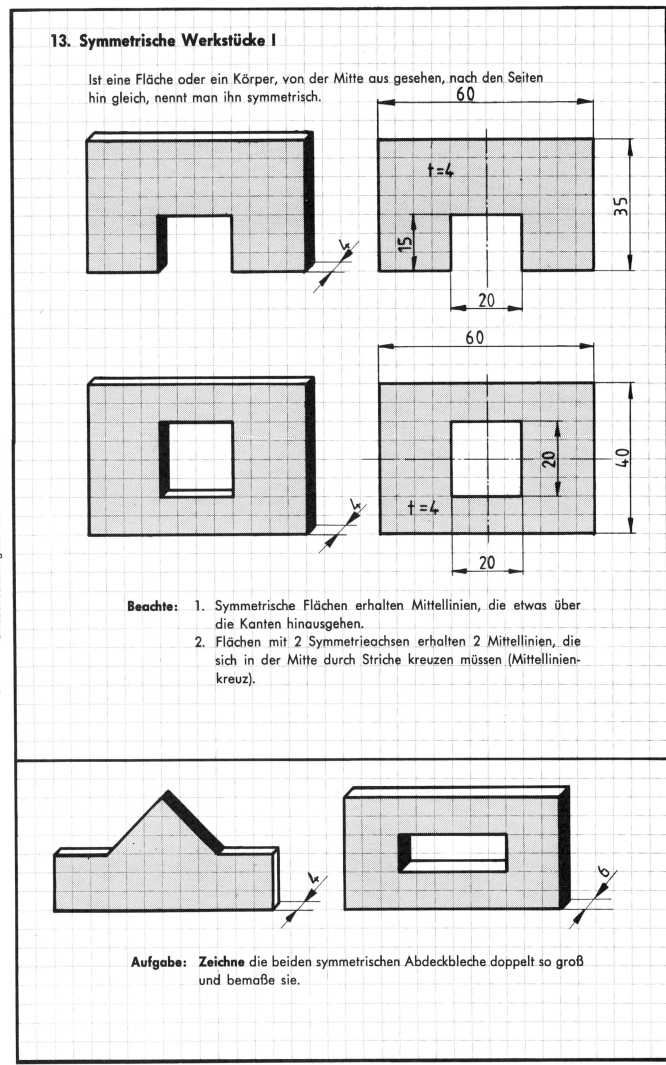

1.

2.

Maßstab	Werkstoff	Benennung	Abdeckbleche	
Datum	Name	Klasse	Blatt	13

14. Symmetrische Werkstücke II

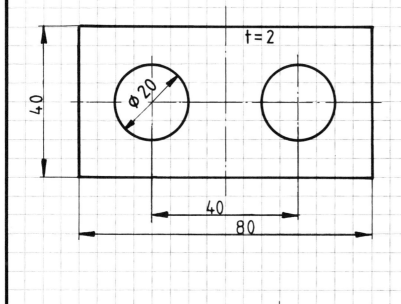

Beachte:

1. Der Mittelpunkt einer Bohrung wird durch ein Mittellinienkreuz festgelegt.

2. Der Abstand zweier Bohrungsmittelpunkte wird bemaßt. Hierbei können die Mittellinien als Maßhilfslinien benutzt werden.

3. Bohrungen werden mit Durchmesserangaben versehen.

4. Der Mittelpunkt für einen Radius (Halbmesser) muß bemaßt werden.

5. Bei Halbmessern (Radien) müssen die Maßzahlen durch ein vorangesetztes R gekennzeichnet werden.

6. Bei Platzmangel werden die Maßpfeile von außen gezeichnet.

Aufgabe: **Zeichne** die beiden Anreißbleche nach Maßangabe!

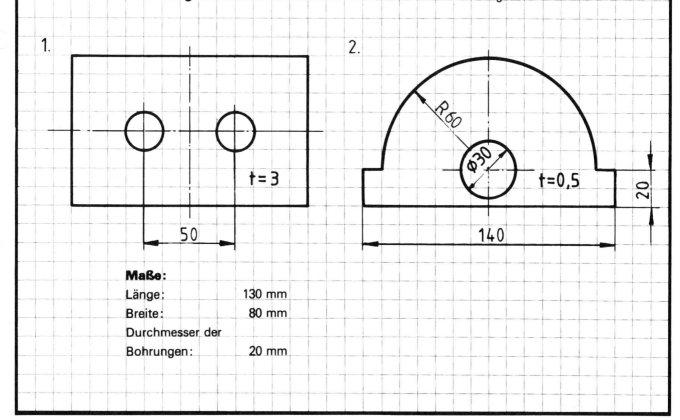

Maße:

Länge:	130 mm
Breite:	80 mm
Durchmesser der Bohrungen:	20 mm

1.

2.

Maßstab	Werkstoff	Benennung	Anreißbleche	
Datum	Name	Klasse	Blatt	14

15. Prismatisches Werkstück in einer Ansicht

Eine Ansicht (Vorderansicht) genügt allein, wenn aus ihr durch zusätzliche Angaben (Maße, Sinnbilder, Schnitte) die Gestalt des Werkstückes eindeutig zu erkennen ist.

Beachte: Zur Kennzeichnung der gleichbleibenden Dicke eines Werkstücks gibt es folgende Möglichkeiten:
1. Blechdicke wird in die Fläche gesetzt
2. Einzeichnen der Grundfläche als Querschnittsform
3. Eintragen des Quadratzeichens □ vor eine Maßzahl, wenn Breite und Dicke des Werkstücks gleich sind (□ 30), Einzeichnen eines Diagonalkreuzes

Aufgabe:
Zeichne die prismatische Stütze aus Holz.
Blatt in Querlage

Maßstab 1:1

Maßstab	Werkstoff	Benennung		
		Prismatische Stütze		
Datum	Name	Klasse	Blatt	15

16. Zylindrisches Werkstück in einer Ansicht

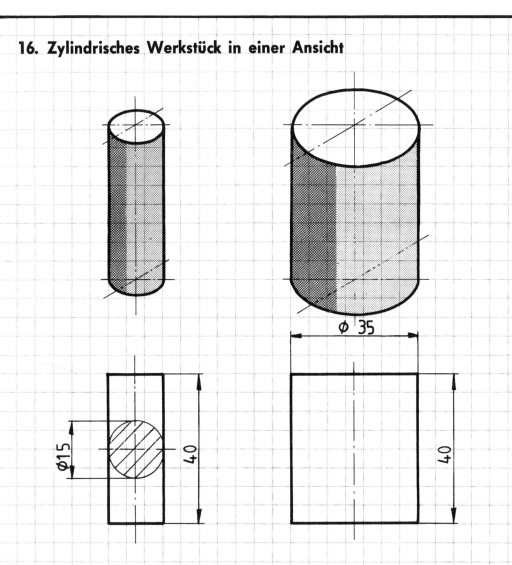

Beachte: Zur Kennzeichnung zylindrischer Werkstücke gibt es folgende Möglichkeiten:
1. Einzeichnen der kreisförmigen Grundfläche.
2. Eintragen des Durchmesserzeichens ⌀ vor die Maßzahl (⌀ 35).

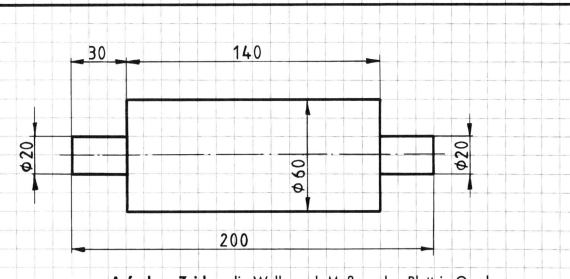

Aufgabe: **Zeichne** die Welle nach Maßangabe. Blatt in Querlage.

Maßstab 1:1

Maßstab	Werkstoff	Benennung		
		Welle		
Datum	Name	Klasse	Blatt	16

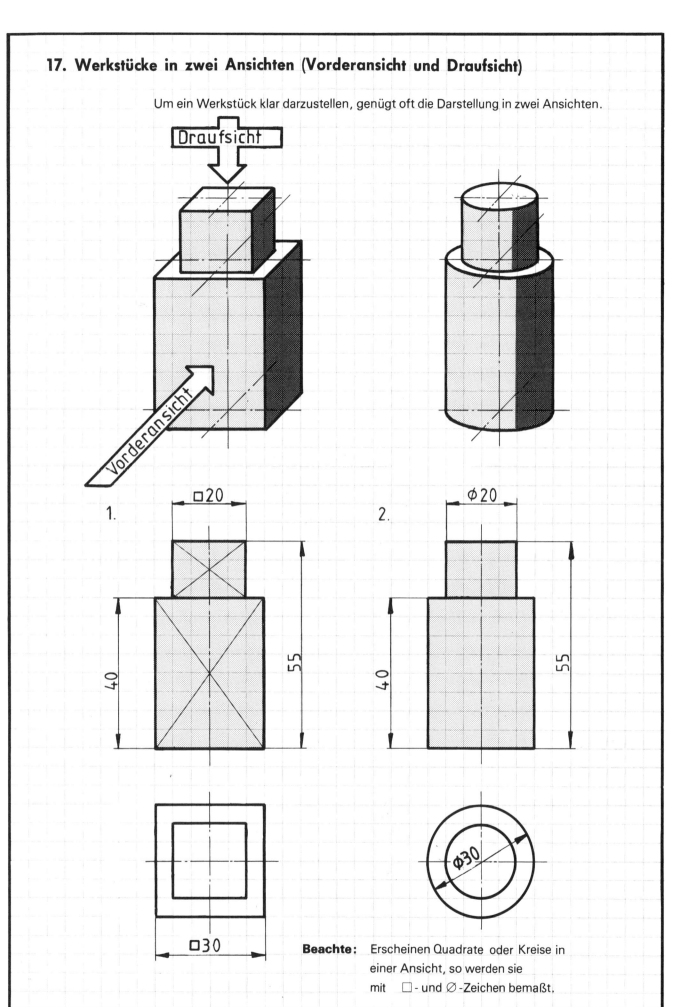

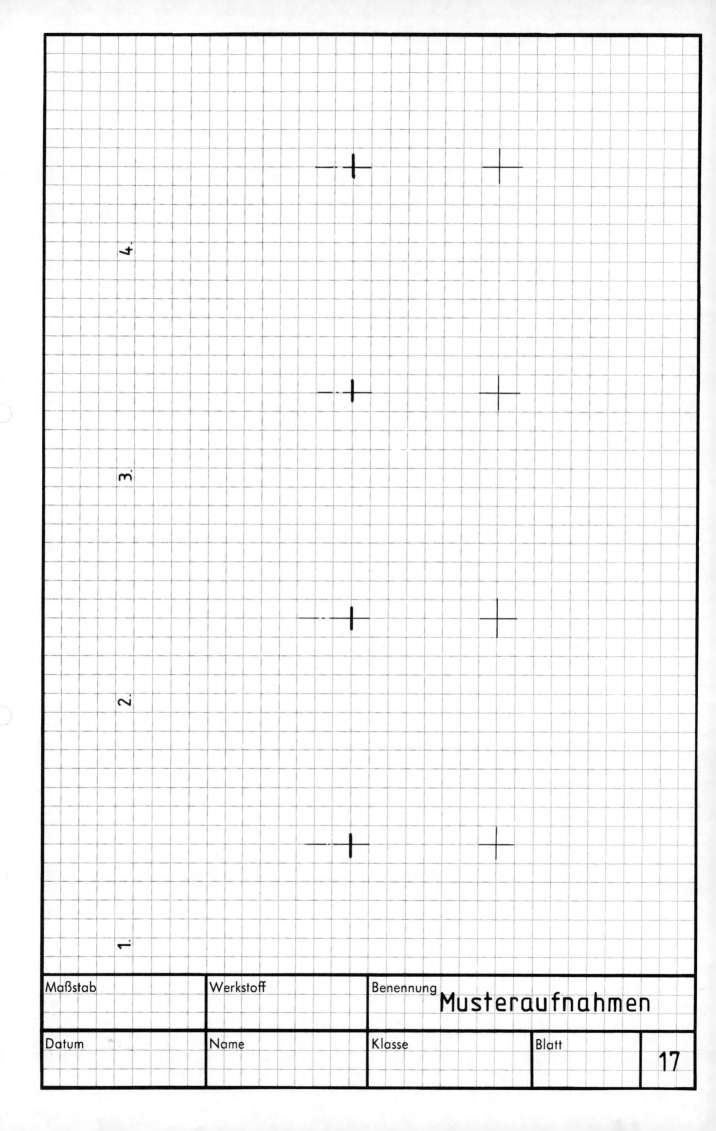

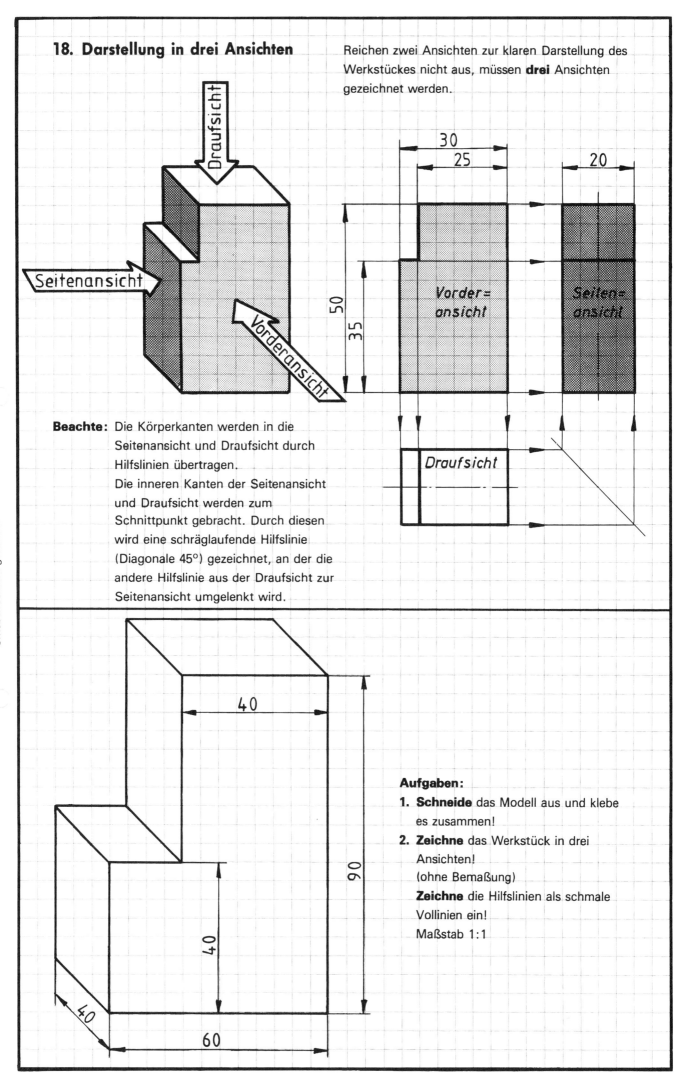

Maßstab	Werkstoff	Benennung	Kantstück		
Datum	Name	Klasse		Blatt	18

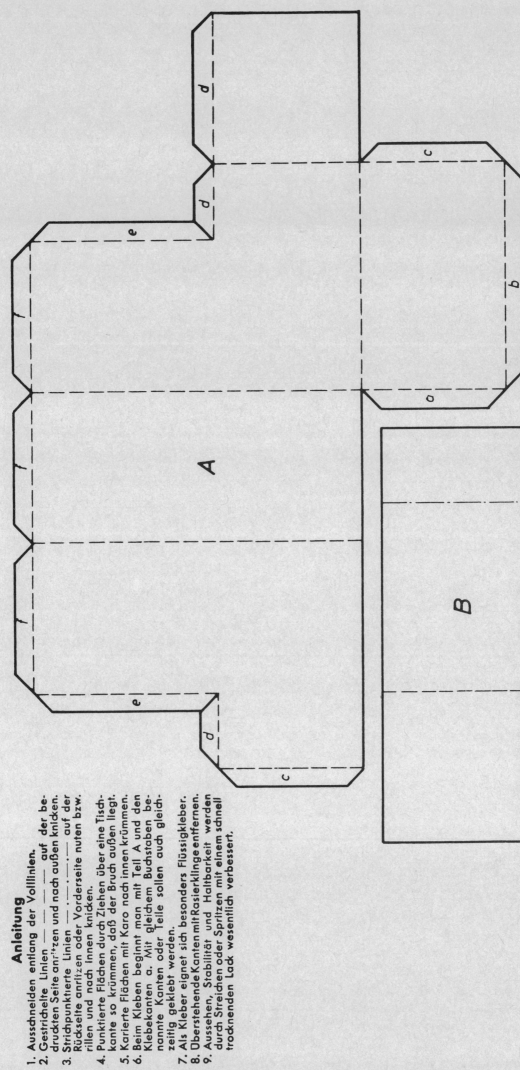

19. Werkstück in drei Ansichten (Maßeintragung)

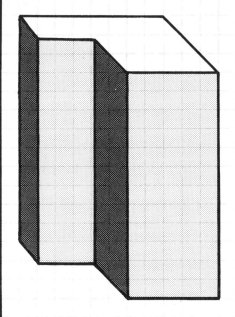

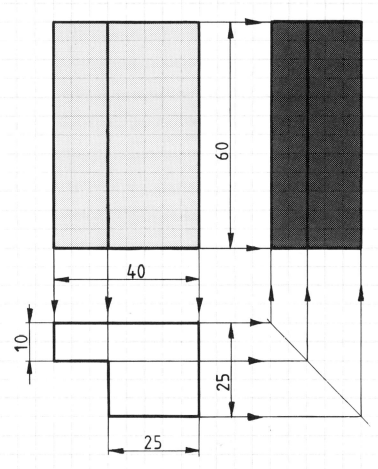

Beachte: Die Maße werden in der Ansicht eingetragen, in der die Form des Werkstückes am deutlichsten zu erkennen ist.

Breite Volllinien sind sichtbare Körperkanten.

Schmale Volllinien sind Maß-, Maßhilfs- und Schraffurlinien.

Maßzahlen sollen von unten oder von rechts lesbar sein.

Jedes Maß nur einmal eintragen.

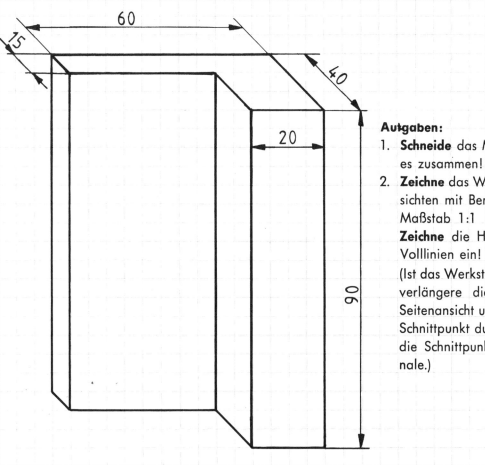

Aufgaben:
1. **Schneide** das Modell aus und klebe es zusammen!
2. **Zeichne** das Winkelprofil in drei Ansichten mit Bemaßung!
   Maßstab 1:1
   Zeichne die Hilfslinien als schmale Volllinien ein!
   (Ist das Werkstück nicht symmetrisch, verlängere die Körperkanten der Seitenansicht und Draufsicht bis zum Schnittpunkt durch Hilfslinien. Durch die Schnittpunkte ziehe die Diagonale.)

Maßstab		Werkstoff		Benennung	Winkelprofil		
Datum		Name		Klasse		Blatt	19

MODELL 19a

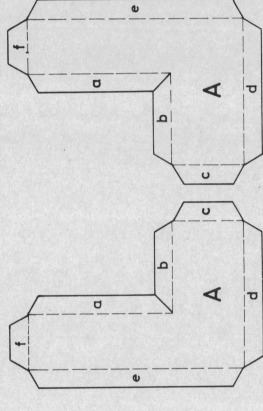

zu Zeichnung 19

Anleitung

1. Ausschneiden entlang der Volllinien.
2. Gestrichelte Linien ——— auf der bedruckten Seite anritzen und nach außen knicken.
3. Strichpunktierte Linien —·—·— auf der Rückseite anritzen oder Vorderseite nuten bzw. rillen und nach innen knicken.
4. Punktierte Flächen durch Ziehen über eine Tischkante so krümmen, daß der Bruch außen liegt.
5. Karierte Flächen mit Karo nach innen krümmen.
6. Beim Kleben beginnt man mit Teil A und den Klebekanten a. Mit gleichem Buchstaben benannte Kanten oder Teile sollen auch gleichzeitig geklebt werden.
7. Als Kleber eignet sich besonders Flüssigkleber.
8. Überstehende Kanten mit Rasierklinge entfernen.
9. Aussehen, Stabilität und Haltbarkeit werden durch Streichen oder Spritzen mit einem schnelltrocknenden Lack wesentlich verbessert.

20. Werkstück mit schrägen Kanten

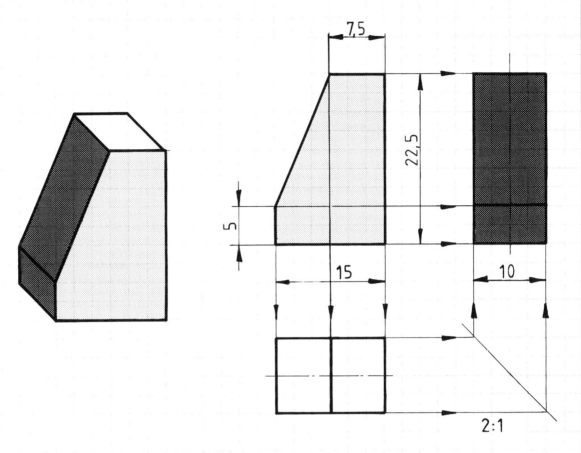

Beachte: Die Länge der Schräge wird nicht eingetragen, sie ergibt sich aus den Abständen von den Außenkanten (hier die Maße 7,5 und 5).

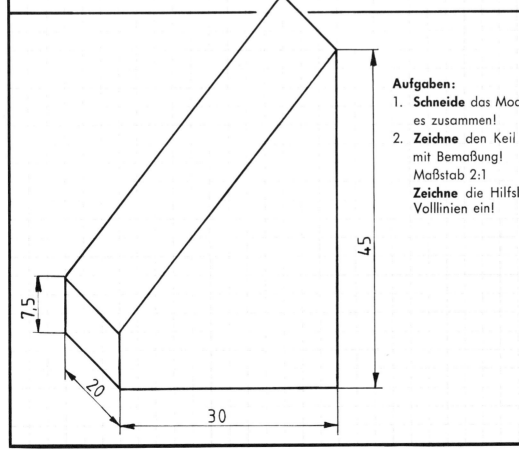

Aufgaben:
1. **Schneide** das Modell aus und klebe es zusammen!
2. **Zeichne** den Keil in drei Ansichten mit Bemaßung!
   Maßstab 2:1
   Zeichne die Hilfslinien als schmale Volllinien ein!

Maßstab	Werkstoff	Benennung		
		Keil		
Datum	Name	Klasse	Blatt	20

MODELL 20a

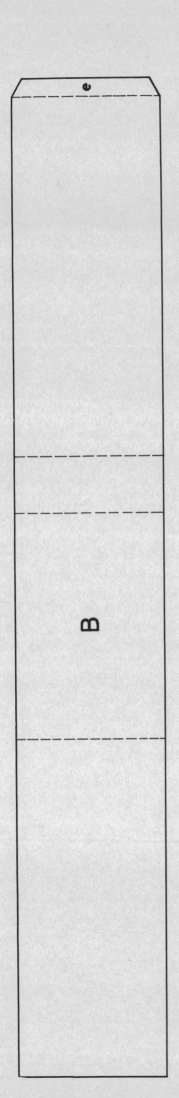
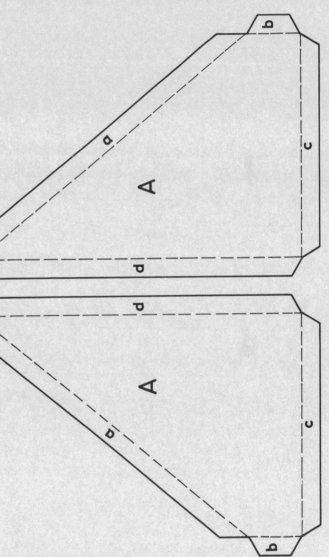

Anleitung

1. Ausschneiden entlang der Volllinien.
2. Gestrichelte Linien ———— auf der bedruckten Seite anritzen und nach außen knicken.
3. Strichpunktierte Linien —·—·— auf der Rückseite anritzen oder Vorderseite nuten bzw. rillen und nach innen knicken.
4. Punktierte Flächen durch Ziehen über eine Tischkante so krümmen, daß der Bruch außen liegt.
5. Karierte Flächen mit Karo nach innen krümmen.
6. Beim Kleben beginnt man mit Teil A und den Klebekanten a. Mit gleichem Buchstaben benannte Kanten oder Teile sollen auch gleichzeitig geklebt werden.
7. Als Kleber eignet sich besonders Flüssigkleber.
8. Überstehende Kanten mit Rasierklinge entfernen.
9. Aussehen, Stabilität und Haltbarkeit werden durch Streichen oder Spritzen mit einem schnell trocknenden Lack wesentlich verbessert.

zu Zeichnung Nr.: 20

21. Werkstück mit verdeckten Kanten

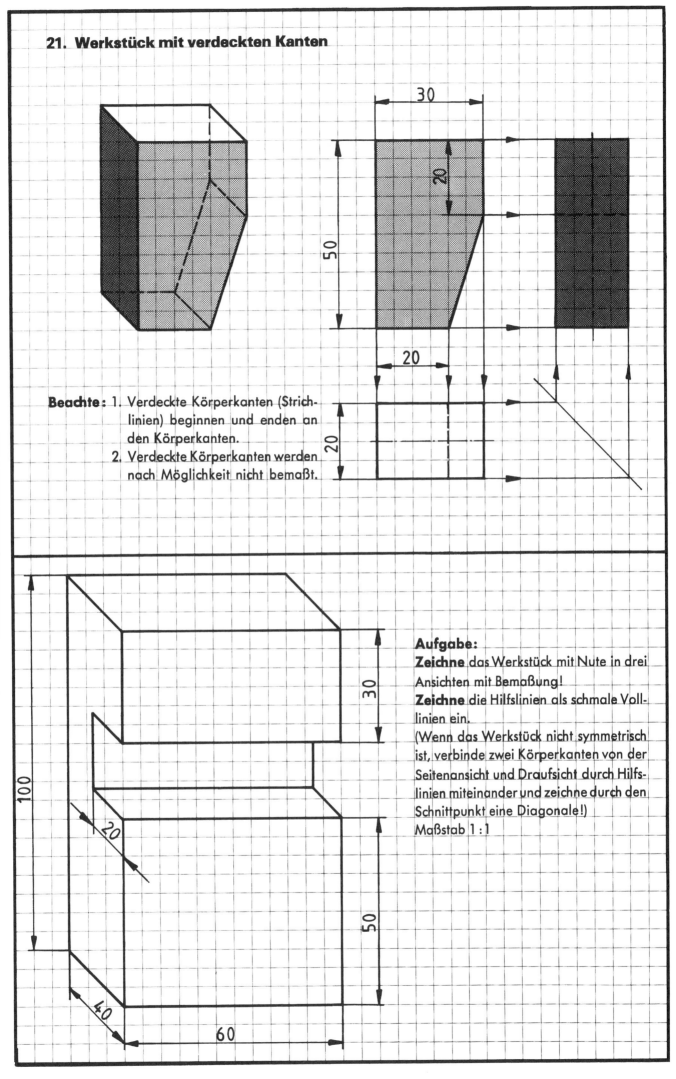

Beachte: 1. Verdeckte Körperkanten (Strichlinien) beginnen und enden an den Körperkanten.
2. Verdeckte Körperkanten werden nach Möglichkeit nicht bemaßt.

Aufgabe:
Zeichne das Werkstück mit Nute in drei Ansichten mit Bemaßung!
Zeichne die Hilfslinien als schmale Volllinien ein.
(Wenn das Werkstück nicht symmetrisch ist, verbinde zwei Körperkanten von der Seitenansicht und Draufsicht durch Hilfslinien miteinander und zeichne durch den Schnittpunkt eine Diagonale!)
Maßstab 1:1

Maßstab		Werkstoff		Benennung	Werkstück mit Nute		
Datum		Name		Klasse		Blatt	21

22. Drehkörper in drei Ansichten

Bei der Darstellung einfacher zylindrischer Körper kommt man mit einer oder zwei Ansichten aus. – Siehe Blatt 17 –. Komplizierte Drehkörper muss man auch in drei Ansichten zeichnen.

Beachte: Durch die Hilfslinien – mit Pfeil versehen – kommt man zur genauen Seitenansicht.

Aufgabe:
1. **Übertrage** die gegebenen Ansichten (Vorder- und Seitenansicht) in das Aufgabenblatt!
2. **Zeichne** die Draufsicht. Die Hilfslinien zeichne als schmale Vollinien.
3. **Trage** die Maße ein! Maßstab 1:1

Maßstab	Werkstoff	Benennung **Bolzen**		
Datum	Name	Klasse	Blatt	22

23. Ergänzungszeichnen I (Profile)

Gegeben: Es ist die Draufsicht und die Höhe eines Werkstücks gegeben.
Gesucht: Die Vorderansicht und die Seitenansicht sind gesucht.

Beispiel:

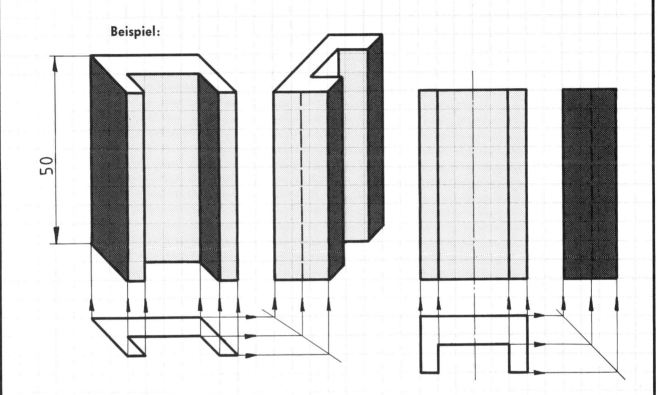

Beachte: Man zeichnet zuerst die Draufsicht und von den Ecken aus die Hilfslinien zur Vorder- und Seitenansicht.

Aufgabe: **Zeichne** zu den vier gegebenen Draufsichten Vorder- und Seitenansicht ohne Bemaßung!
Die Höhe der Profile ist 50 mm.
Zeichne die Hilfslinien als schmale Volllinien ein!

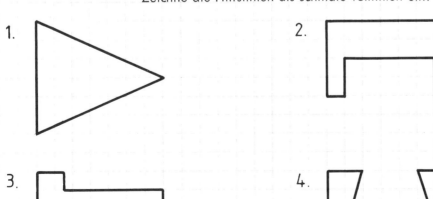

1.

2.

3.

4.

Maßstab	Werkstoff	Benennung Profile		
Datum	Name	Klasse	Blatt	23

24. Ergänzungszeichnen II (Stähle und Prismen)

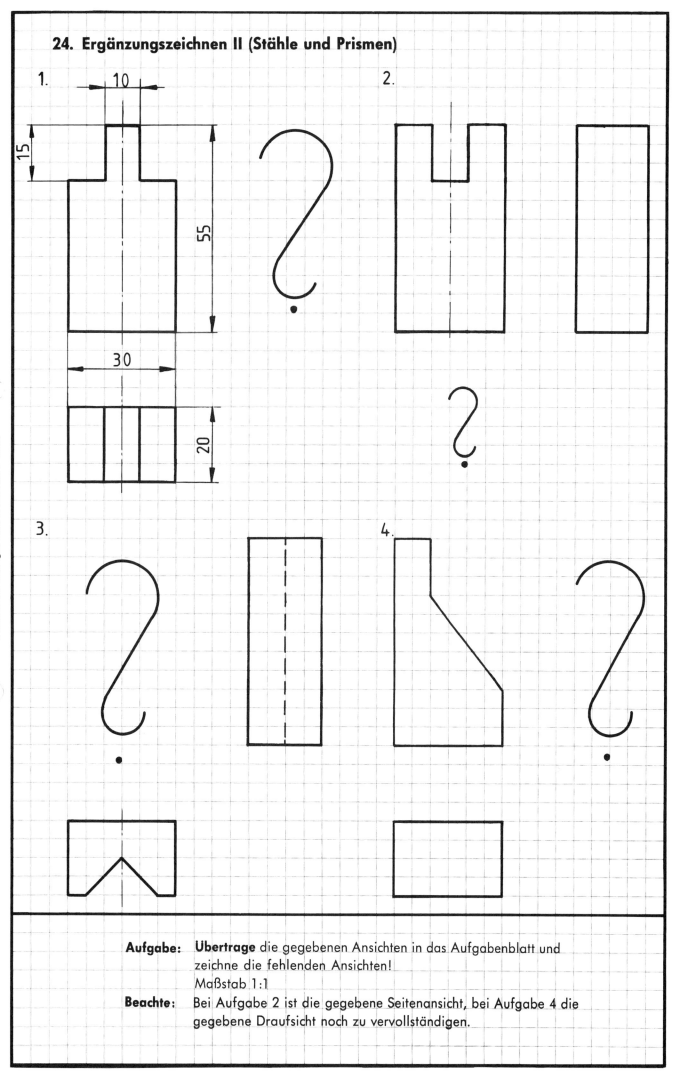

Aufgabe: **Übertrage** die gegebenen Ansichten in das Aufgabenblatt und zeichne die fehlenden Ansichten!
Maßstab 1:1

Beachte: Bei Aufgabe 2 ist die gegebene Seitenansicht, bei Aufgabe 4 die gegebene Draufsicht noch zu vervollständigen.

1.

2.

3.

4.

Maßstab		Werkstoff		Benennung	Stähle und Prismen		
Datum		Name		Klasse		Blatt	24

25. Pyramide und Kegel

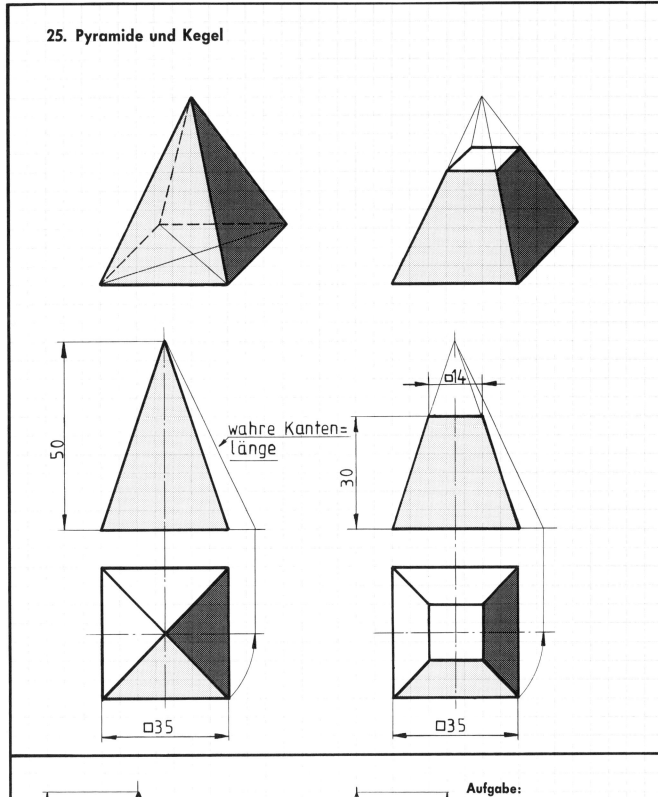

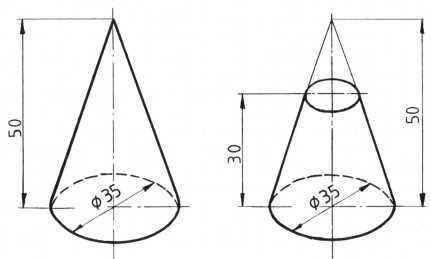

Aufgabe:

Übertrage Pyramide und Pyramidenstumpf ins Aufgabenblatt!

Zeichne Kegel und Kegelstumpf nach Maßangabe in Vorderansicht und Draufsicht. Nur die Vorderansicht bemaßen. Blatt in Querlage. Maßstab 1:1

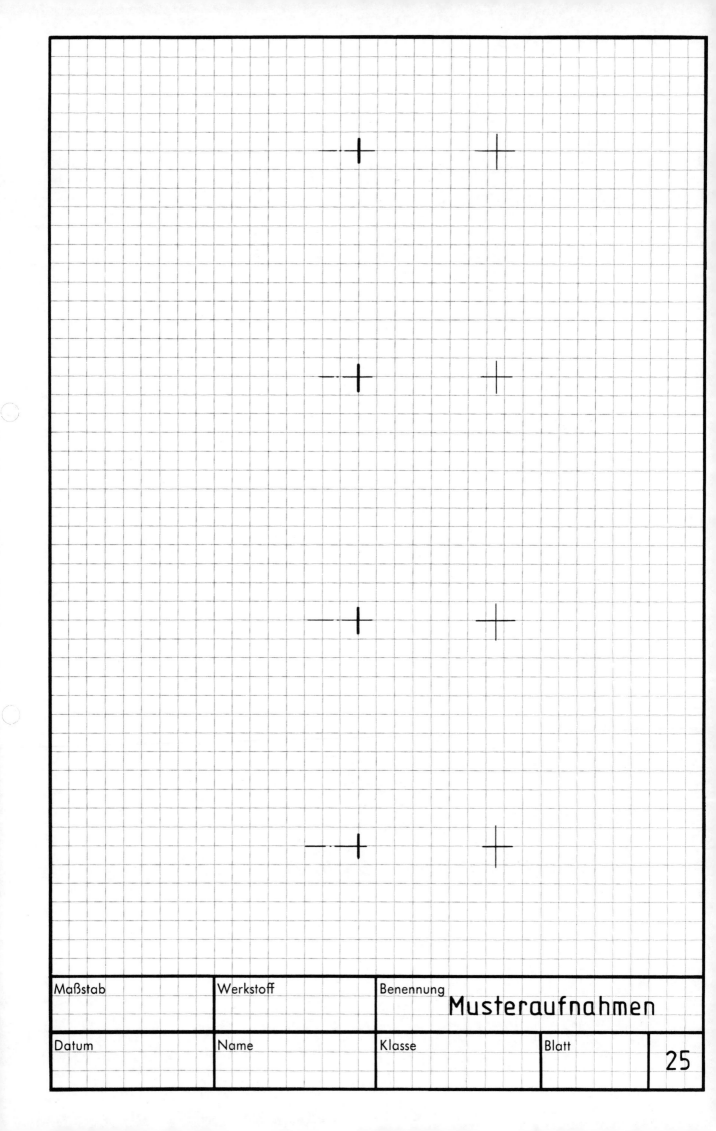

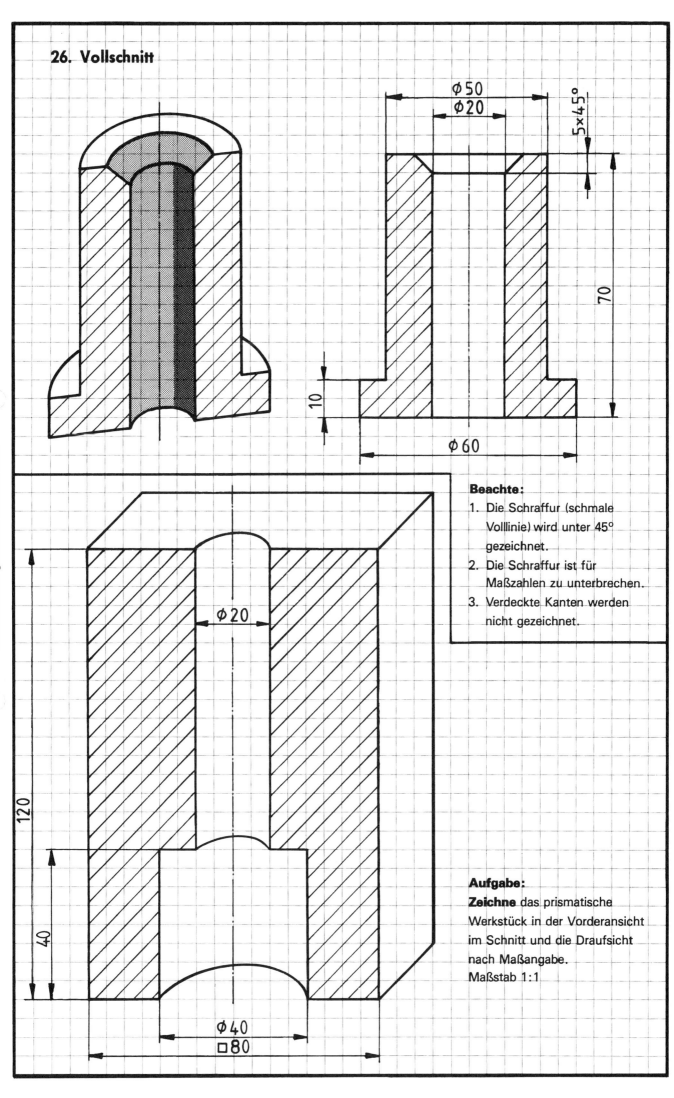

Maßstab	Werkstoff	Benennung		
		Prismatisches Werkstück		
Datum	Name	Klasse	Blatt	26

27. Abwicklungen

Unter Abwicklung versteht man die zusammenhängende Darstellung aller Flächen eines Körpers in der genauen Größe.
Die gesamte Oberfläche – Seitenflächen (Mantel), Deckel und Boden – wird in einer Ebene ausgebreitet.
Eckpunkte und Hilfslinien erleichtern die Konstruktion der Abwicklung.

3 Ansichten

Aufgaben:

1. **Zeichne** das rechteckige Prisma in drei Ansichten ohne Bemaßung! Maßstab 1:1, Blatt in Querlage.
2. **Übertrage** die Punkte 1, 2, 3, 4 in die Ansichten!
3. **Zeichne** die Abwicklung des Körpers neben die Seitenansicht. Trage die Zahlen 1-4 ein.
   (Breitenmaße sind abzumessen)
   Beachte: Nicht sichtbare Eckpunkte setzt man in Klammern (4)

Maßstab	Werkstoff	Benennung	Rechteckiges Prisma	
Datum	Name	Klasse	Blatt	27

28. Einfacher Stromkreis

Während die Werkzeichnung genau zeigt, wie das Werkstück aussieht, hat der Schaltplan eine andere Aufgabe. Er gibt nicht das Aussehen einer elektrischen Anlage wieder — Beispiel a —, sondern zeigt, wie eine elektrische Anlage geschaltet ist — Beispiel b —.
In solchen Schaltplänen werden elektrische Leitungen und Geräte durch Schaltzeichen (Sinnbilder) dargestellt.

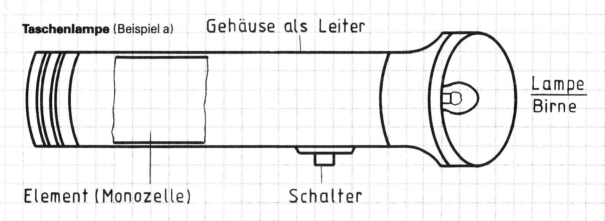

Taschenlampe (Beispiel a)

Zu einer Taschenlampe gehören: Element (Spannungsquelle), Lampe (Verbraucher), Hin- und Rückleitung und Schalter.

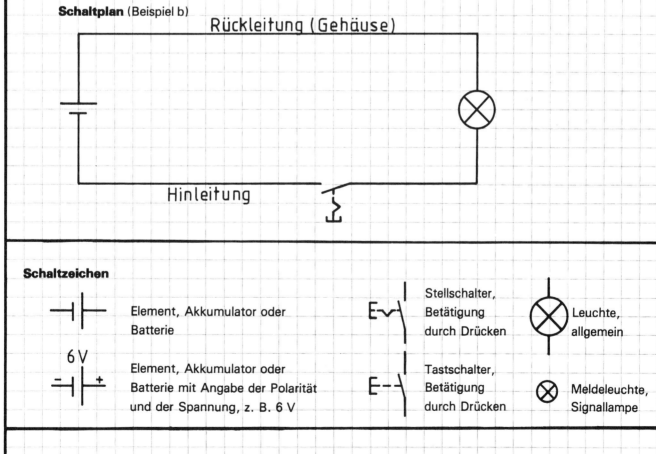

Schaltplan (Beispiel b)

Schaltzeichen

Symbol	Bezeichnung	Symbol	Bezeichnung
—⊢⊢—	Element, Akkumulator oder Batterie	Stellschalter, Betätigung durch Drücken	Leuchte, allgemein
6V —⊢⊢+	Element, Akkumulator oder Batterie mit Angabe der Polarität und der Spannung, z. B. 6 V	Tastschalter, Betätigung durch Drücken	Meldeleuchte, Signallampe

Aufgabe: **Vervollständige** den im Aufgabenblatt begonnenen Schaltplan einer Stabtaschenlampe mit zwei Elementen (Batterie)!

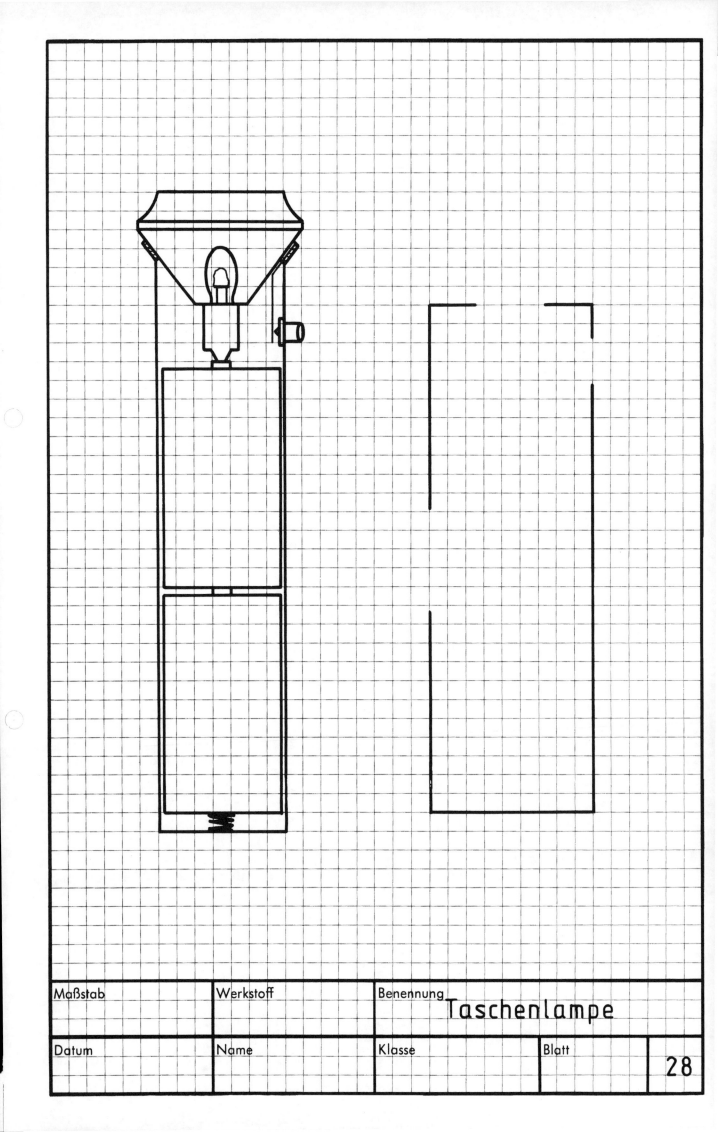

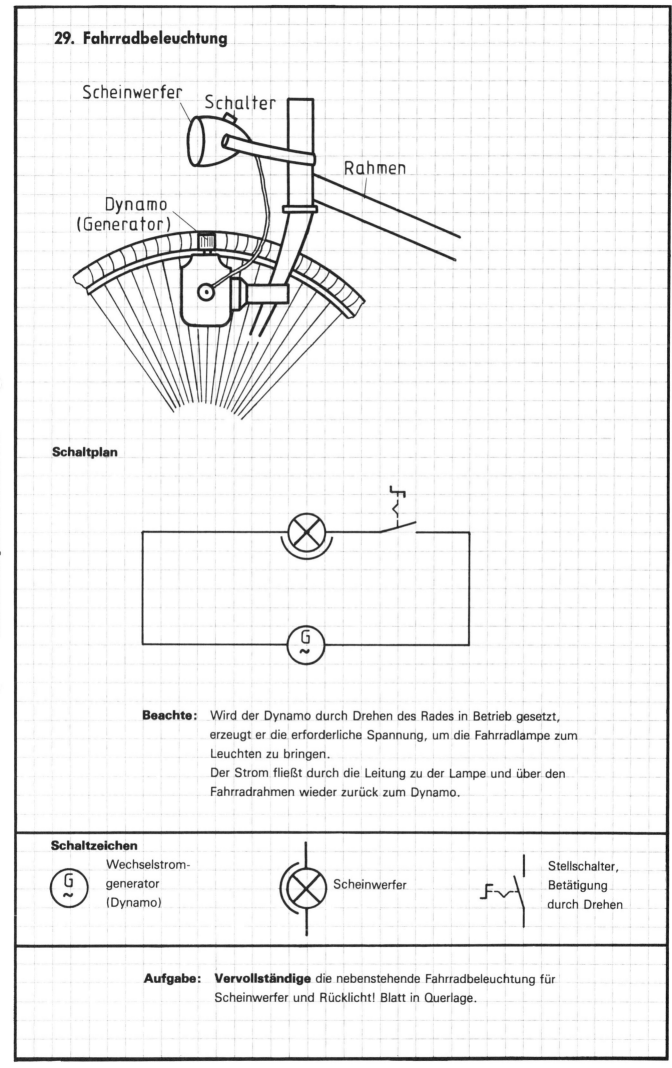

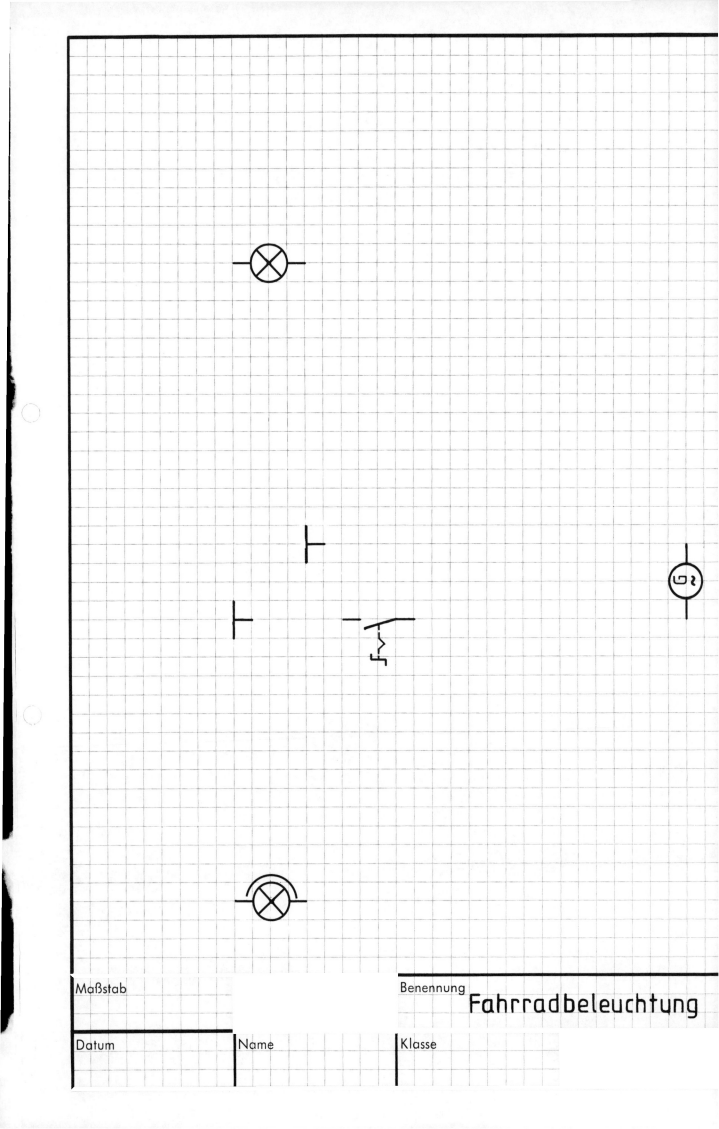

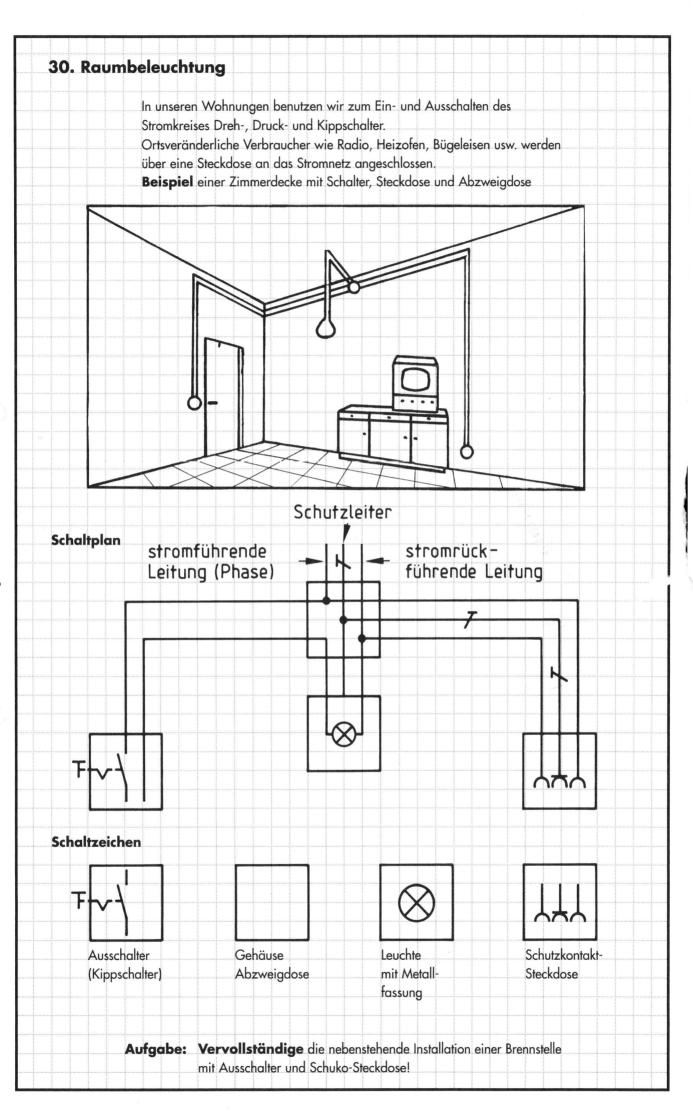

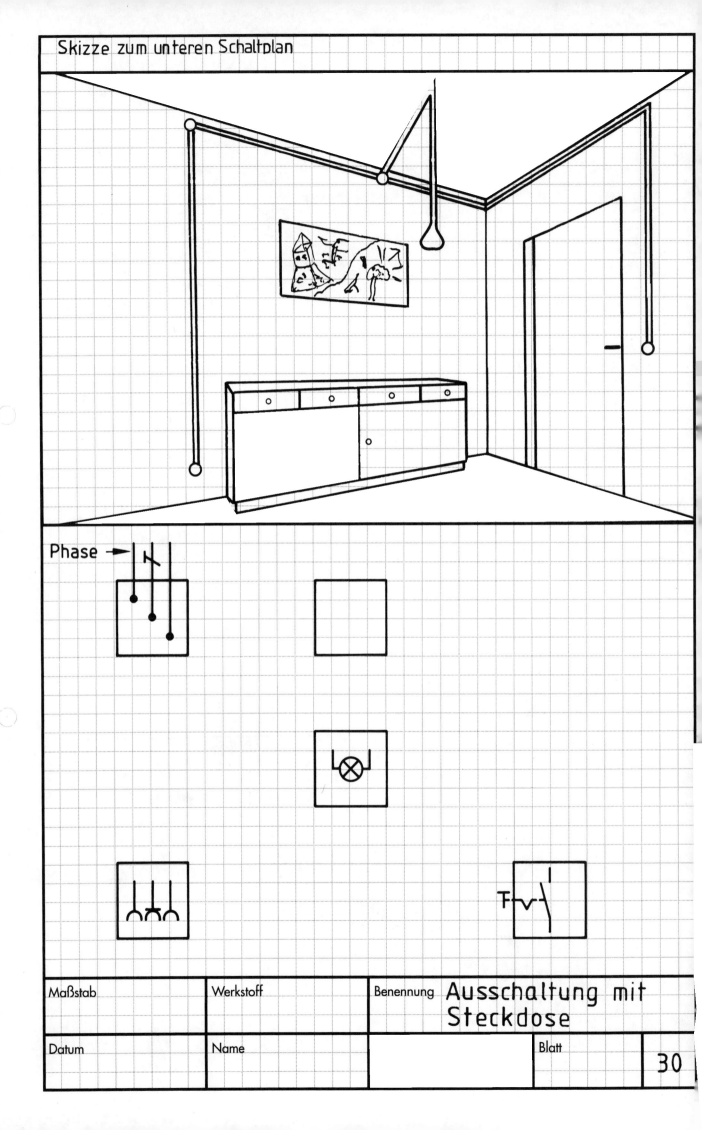